W0390558

MATHETIGER

Basistraining 2

Herausgegeben von

Thomas Laubis

Erarbeitet von

Thomas Laubis
Eva Schnitzer

Mildenberger

Inhaltsverzeichnis

Wiederholung

zu Heft 1, S. 6
zu Buch, S. 5

Größer, kleiner, gleich

> ist größer als	< ist kleiner als	= gleich

1 Setze ein: >, < oder =

2 ◯ 4	8 ◯ 7	19 ◯ 9	11 ◯ 11
5 ◯ 1	6 ◯ 6	0 ◯ 12	14 ◯ 10
3 ◯ 3	4 ◯ 9	8 ◯ 17	15 ◯ 20
0 ◯ 2	7 ◯ 5	16 ◯ 4	13 ◯ 13

Kleine Aufgaben, große Aufgaben

2 Rechne die kleine und die große Aufgabe.

1 + 3 = ___	5 + 4 = ___	2 + 6 = ___
11 + 3 = ___	15 + 4 = ___	12 + 6 = ___
3 + 7 = ___	4 + 3 = ___	3 + 2 = ___
13 + 7 = ___	14 + 3 = ___	13 + 2 = ___

3 Rechne die kleine und die große Aufgabe.

5 − 2 = ___	2 − 1 = ___	8 − 3 = ___
15 − 2 = ___	12 − 1 = ___	18 − 3 = ___
6 − 4 = ___	7 − 7 = ___	9 − 5 = ___
16 − 4 = ___	17 − 7 = ___	19 − 5 = ___

Über den Zehner – Plus

1 Rechne.

8 + 5 =	5 + 9 =	7 + 4 =
8 + 2 =	5 +	
10 +	10 +	
4 + 8 =	9 + 7 =	6 + 6 =

Über den Zehner – Minus

2 Rechne.

13 – 5 =	12 – 8 =	15 – 6 =
13 – 3 =	12 –	
10 –	10 –	
11 – 7 =	16 – 9 =	14 – 8 =

1, 2 Rechenstrategie bis zur 10 und dann weiter üben

3 Zahlen – 4 Aufgaben

1 Schreibe 4 Aufgaben.

2	8	6

2 + 6 = 8	8 − 6 = 2
6 + 2 =	8 − 2 =

4	7	3

4 + 3 =	7 − 3 =
3 + =	7 − =

6	11	5

6 + =	11 − =
+ =	− =

9	19	10

+ =	− =
+ =	− =

Rechenmauern

2 Löse die Rechenmauern.

3	1

6	2

4	5

3 Löse die Rechenmauern.

1	2	4

5	0	3

1 Zu drei Zahlen jeweils zwei Plusaufgaben (Tauschaufgaben) und zwei Minusaufgaben (Umkehraufgbaben) aufschreiben.

Unser Geld

1 Wie viel Euro sind es? Lege nach und rechne.

5 € + ______

______

______

______

Rechengeschichten

2 Wie viel Euro kostet es zusammen? Lege und rechne.

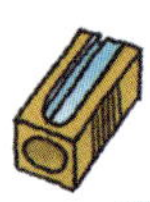

2 €

4 €

___ € + ___ € = ___ €

8 €

1 €

___ € + ___ € = ___ €

12 €

3 €

___ € + ___ € = ___ €

7 €

6 €

___ € + ___ € = ___ €

1, 2 Spielgeld (Beilagen 2 und 3) verwenden

Uhrzeiten

Schreibe beide Uhrzeiten auf.

8 Uhr
20 Uhr

Uhr
Uhr

Uhr
Uhr

Uhr
Uhr

Uhr
Uhr

Uhr
Uhr

Uhr
Uhr

Uhr
Uhr
Uhr

Uhr
Uhr

Ggf. Lernuhr (Beilage 5) verwenden

1 Lege nach. Schreibe die Zehnerzahlen auf zwei Arten.

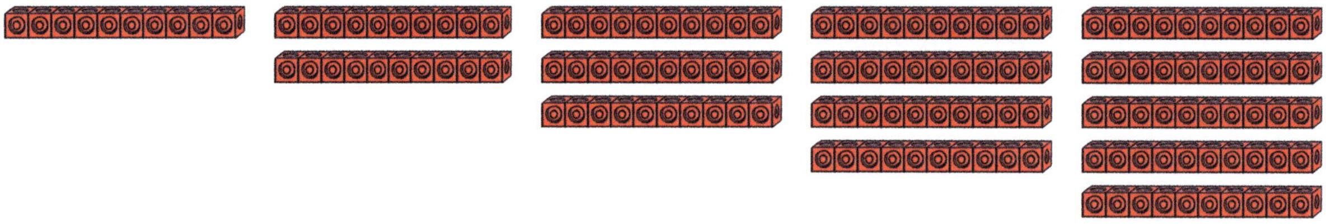

1 Z = 10 | 2 Z = ___ | ___ Z = ___ | ___ Z = ___ | ___ Z = ___

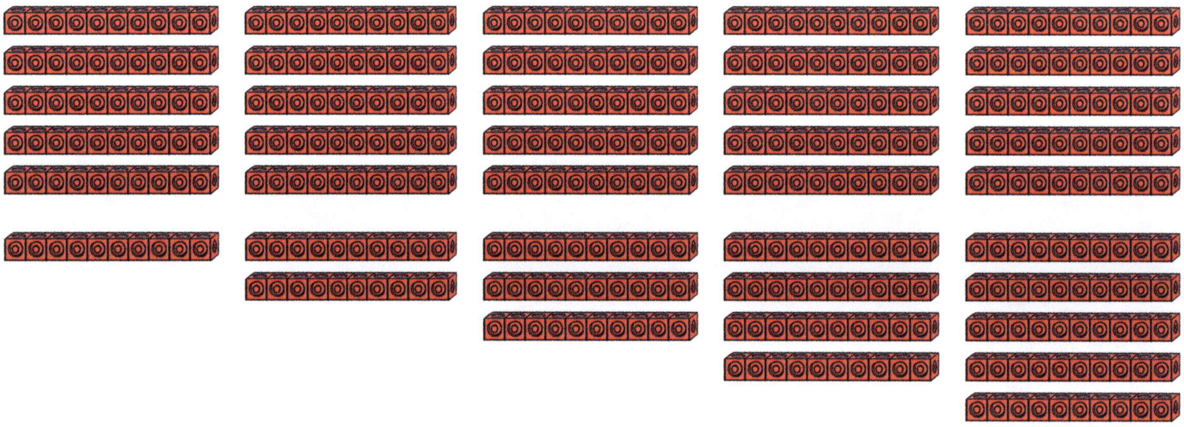

___ Z = ___ | ___ Z = ___ | ___ Z = ___ | ___ Z = ___ | ___ Z = ___

2 Lege und schreibe als Zahl.

5 Z = 50	3 Z = ___	6 Z = ___
8 Z = ___	1 Z = ___	10 Z = ___
2 Z = ___	9 Z = ___	4 Z = ___

3 Setze ein: >, < oder =

20 < 30	80 ○ 10	90 ○ 90
50 ○ 10	20 ○ 20	100 ○ 10
40 ○ 40	30 ○ 90	40 ○ 60
70 ○ 60	10 ○ 0	80 ○ 90

1, 2 Steckwürfel oder Zehner (Beilage 1) verwenden

Rechnen mit Zehnerzahlen

1 Lege nach. Schreibe die Plusaufgaben auf.

3 Z + 2 Z = 5 Z

30 + 20 = 50

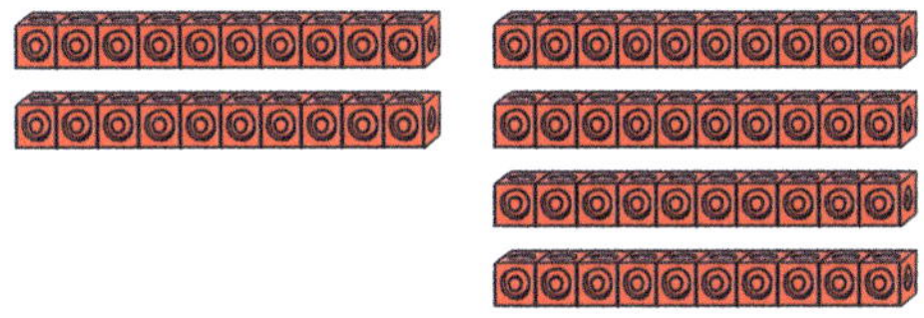

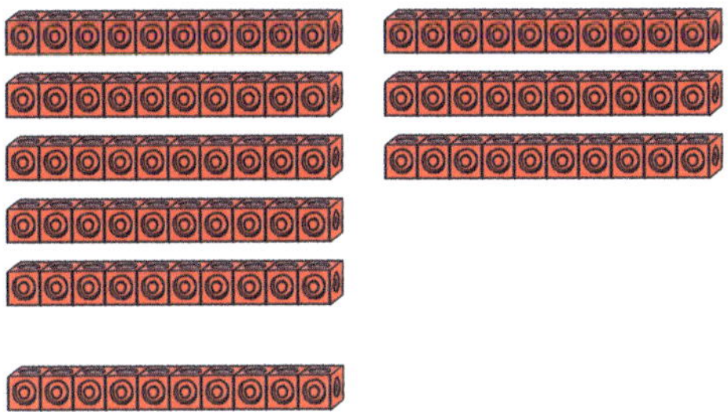

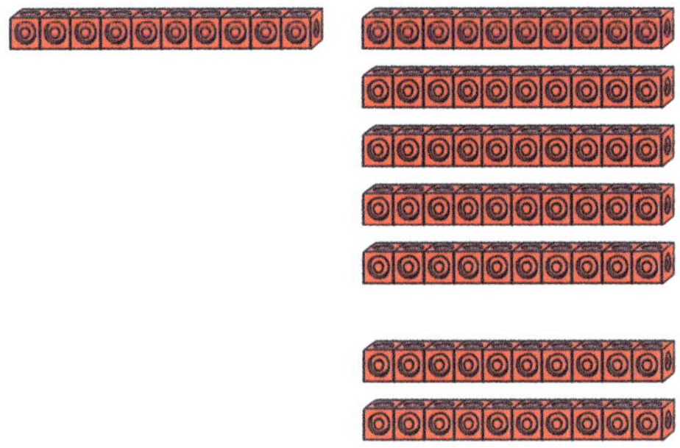

2 Lege nach. Schreibe die Minusaufgaben auf.

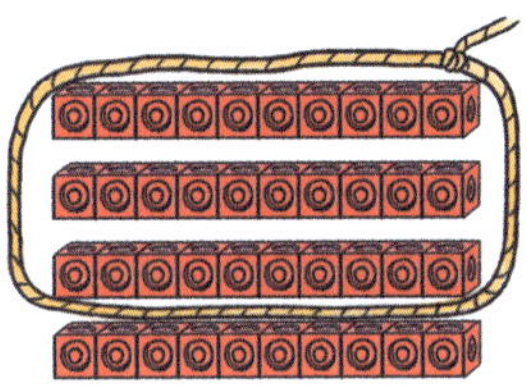

4 Z − 3 Z = 1 Z

40 − 30 = 10

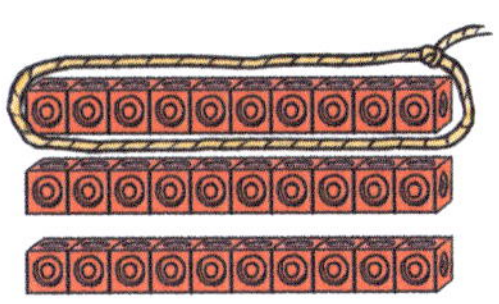

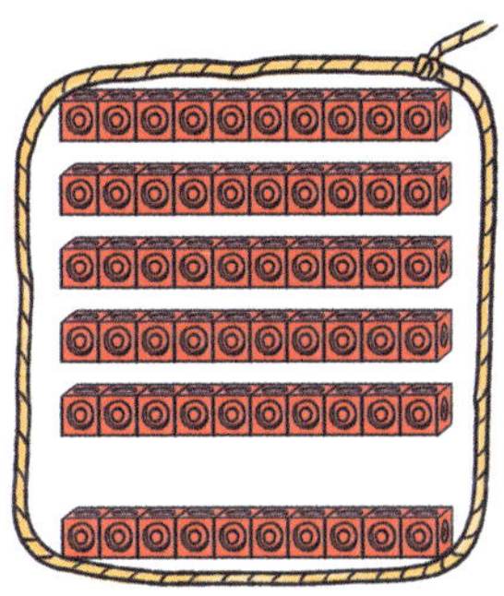

1, 2 Steckwürfel oder Zehner (Beilage 1) verwenden

1 Zehner ——

1 Einer •

1 Schreibe die Zahlen auf zwei Arten.

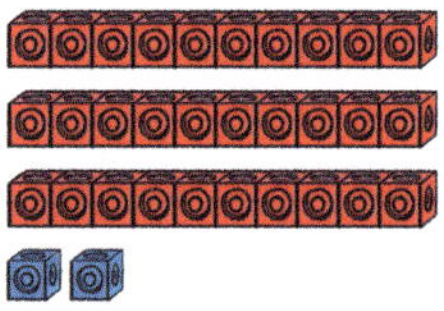

3 Z 2 E = 32

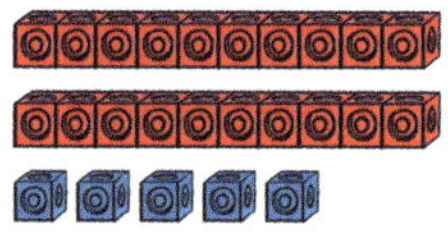

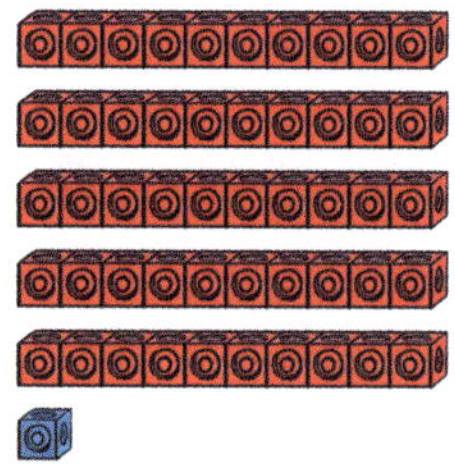

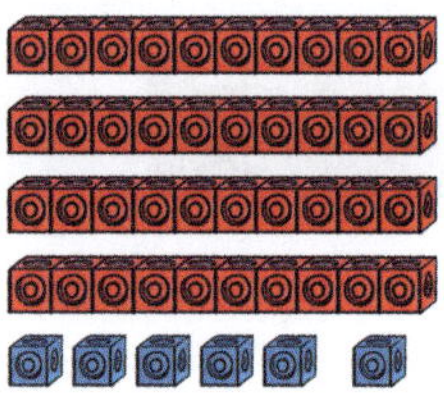

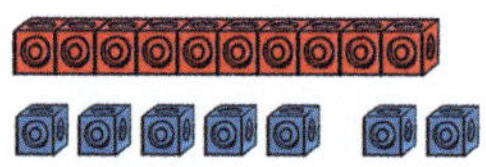

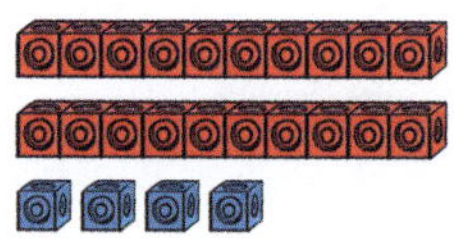

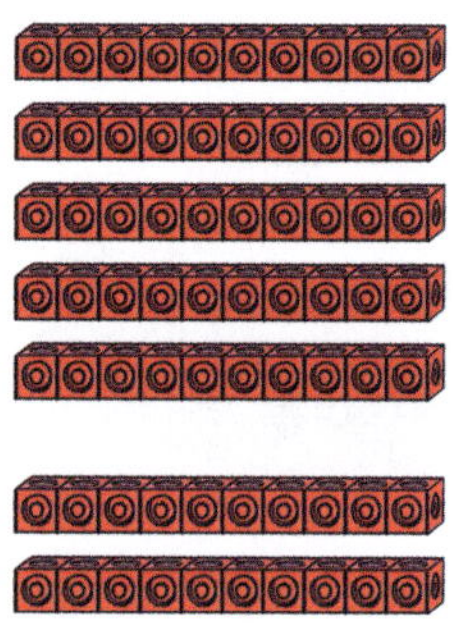

2 Zeichne Zehner und Einer. Schreibe die Zahl auf.

4 Z 3 E = 43

3 Z 5 E =

2 Z 7 E =

1, 2 Ggf. Steckwürfel oder Zehner und Einer (Beilage 1) verwenden

43

Zahl

40 + 3

Plusaufgabe

Striche und Punkte

H	Z	E
	4	3

Tabelle

1 Schreibe jede Zahl als Plusaufgabe.

25 = 20 + 5 64 = ______ 73 = ______

51 = ______ 36 = ______ 18 = ______

19 = ______ 92 = ______ 87 = ______

2 Fülle die Tabellen aus.

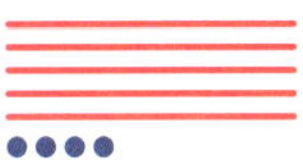

H	Z	E
	5	4

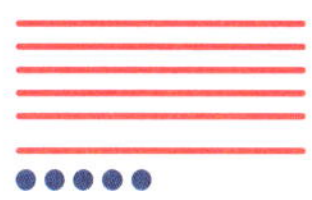

H	Z	E

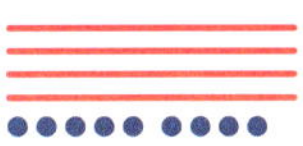

H	Z	E

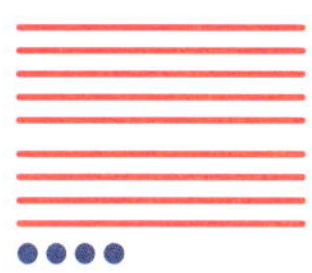

H	Z	E

3 Zeichne mit Strichen und Punkten.

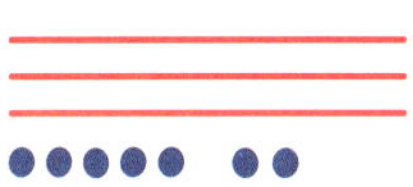

37

71

68

1 Lies das Zahlwort und male die richtige Zahl an.

zwanzig

30	20	40

dreiundzwanzig

23	32	43

sechzig

60	70	20

fünfundsechzig

75	56	65

fünfzig

30	80	50

achtundfünfzig

85	58	88

2 Lies die Zahl und male das richtige Zahlwort an.

47

- siebenundvierzig
- vierundsiebzig
- siebenundfünfzig

34

- fünfunddreißig
- vierunddreißig
- dreiundvierzig

79

- siebenundzwanzig
- siebenundneunzig
- neunundsiebzig

92

- zweiundneunzig
- neunundzwanzig
- zweiundzwanzig

1 Schreibe passende Plusaufgaben.

23 + 5 =

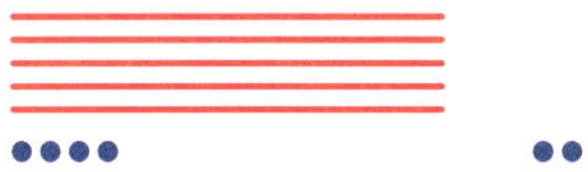

2 Lege, zeichne und rechne.

32 + 3 =

65 + 4 =

81 + 8 =

47 + 1 =

3 Lege und rechne.

11 + 3 =	45 + 0 =	91 + 5 =
11 + 4 =	45 + 1 =	92 + 5 =
11 + 5 =	45 + 2 =	93 + 5 =
11 + 6 =	45 + 3 =	94 + 5 =

2, 3 Zehner und Einer (Beilage 1) oder Steckwürfel verwenden

Rechnen mit einstelligen Zahlen – Minus

1 Schreibe passende Minusaufgaben.

48 – 2 =

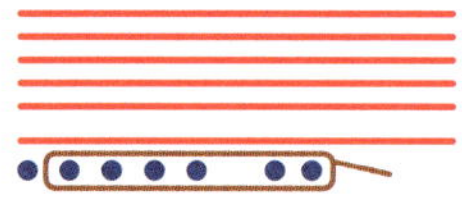

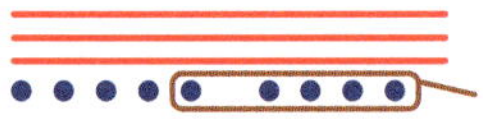

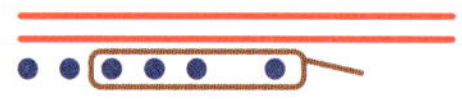

2 Lege, zeichne und rechne.

54 – 3 =

75 – 1 =

47 – 7 =

38 – 6 =

3 Lege und rechne.

15 – 1 =	39 – 4 =	76 – 6 =
15 – 2 =	39 – 5 =	77 – 6 =
15 – 3 =	39 – 6 =	78 – 6 =
15 – 4 =	39 – 7 =	79 – 6 =

2, 3 Zehner und Einer (Beilage 1) oder Steckwürfel verwenden

Schneide eine Schnur so ab, dass sie genau so lang ist wie die rote Schnur auf dem Tisch. Vergleiche und kreuze an.

länger: X kürzer: ☐

länger: ☐ kürzer: ☐

länger: ☐ kürzer: ☐

länger: ☐ kürzer: ☐

länger: ☐ kürzer: ☐

länger: ☐ kürzer: ☐

länger: ☐ kürzer: ☐

länger: ☐ kürzer: ☐

länger: ☐ kürzer: ☐

Eine Schnur auf 5 cm abschneiden. Durch Auflegen auf die abgebildeten Schnüre entscheiden, ob diese länger oder kürzer sind.

zu Heft 1, S. 27
zu Buch, S. 24

Miss die Länge der Dinge mit dem Lineal.

cm

cm

cm

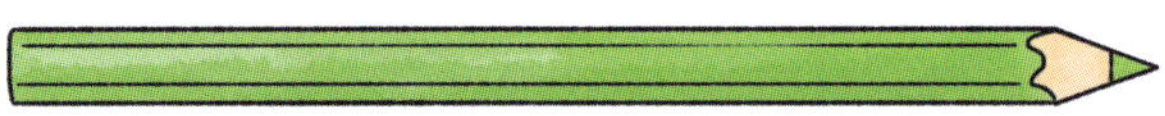

cm

cm

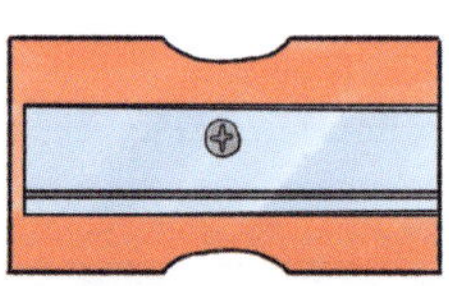

cm

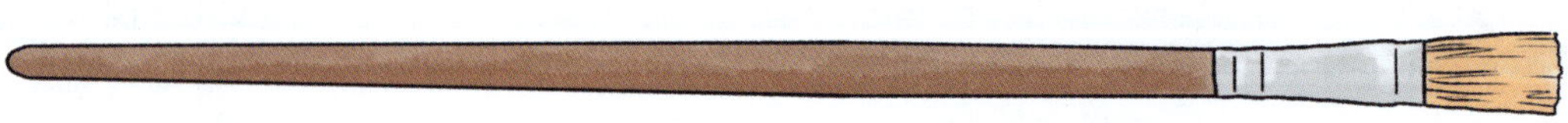

cm

Mit dem Lineal messen. Immer bei 0 cm beginnen.

1 Miss die Strecken. Schreibe den Buchstaben zu den passenden Längen. Wie heißt das Lösungswort?

2 cm	4 cm	7 cm	9 cm	10 cm	13 cm
			E		

E

N

L

I

L

A

2 Zeichne die Strecken. Beginne bei dem kleinen Strich.

4 cm:

8 cm:

11 cm:

Rechnen mit Zehnerzahlen – Plus

1 Schreibe passende Plusaufgaben.

34 + 20 = ____

____

____

____

2 Lege, zeichne und rechne.

25 + 50 = ☐

13 + 70 = ☐

47 + 10 = ☐

61 + 30 = ☐

3 Lege und rechne.

55 + 10 = ☐	34 + 20 = ☐	12 + 50 = ☐
55 + 20 = ☐	34 + 30 = ☐	22 + 50 = ☐
55 + 30 = ☐	34 + 40 = ☐	32 + 50 = ☐
55 + 40 = ☐	34 + 50 = ☐	42 + 50 = ☐

2, 3 Zehner und Einer (Beilage 1) oder Steckwürfel verwenden

Rechnen mit Zehnerzahlen – Minus

1 Schreibe passende Minusaufgaben.

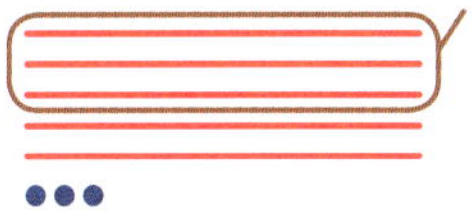

53 – 30 =

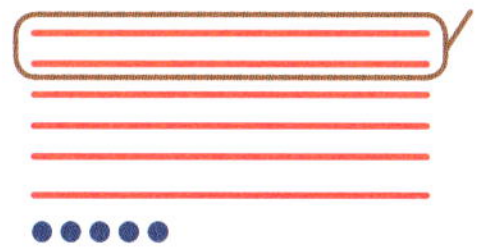

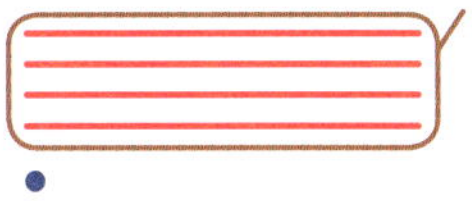

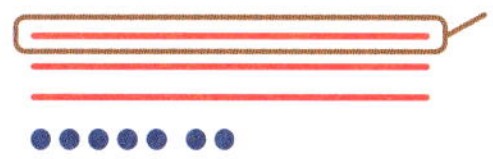

2 Lege, zeichne und rechne.

45 – 20 =

63 – 10 =

57 – 50 =

71 – 30 =

3 Lege und rechne.

85 – 10 =	52 – 20 =	96 – 40 =
85 – 20 =	52 – 30 =	86 – 40 =
85 – 30 =	52 – 40 =	76 – 40 =
85 – 40 =	52 – 50 =	66 – 40 =

2, 3 Zehner und Einer (Beilage 1) oder Steckwürfel verwenden

Der Zahlenstrahl

1 Trage die fehlenden Zahlen ein.

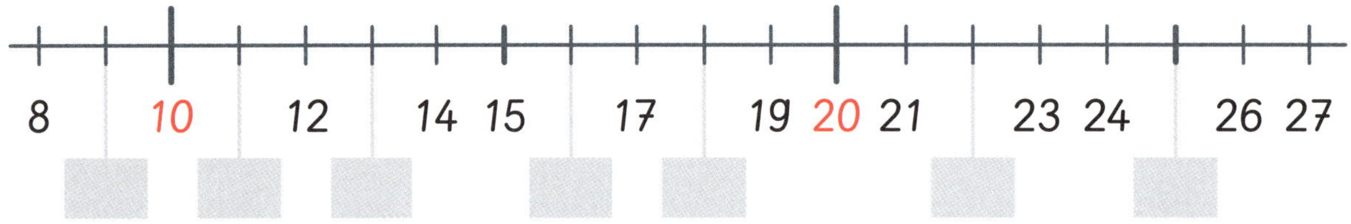

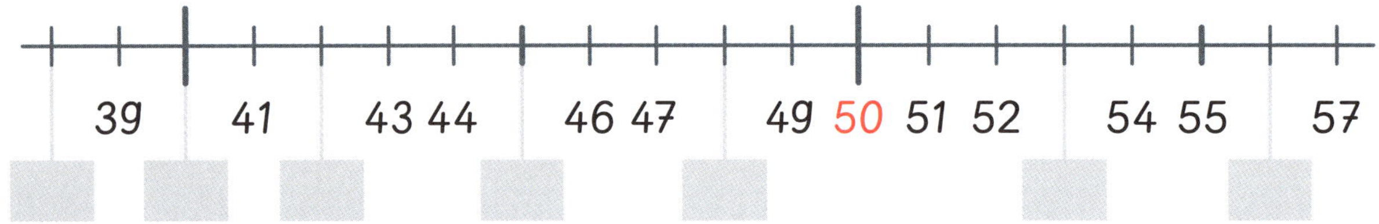

2 Trage die fehlenden Zahlen ein.

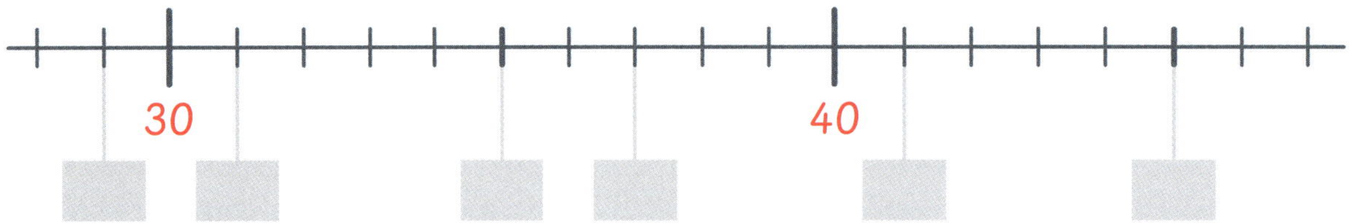

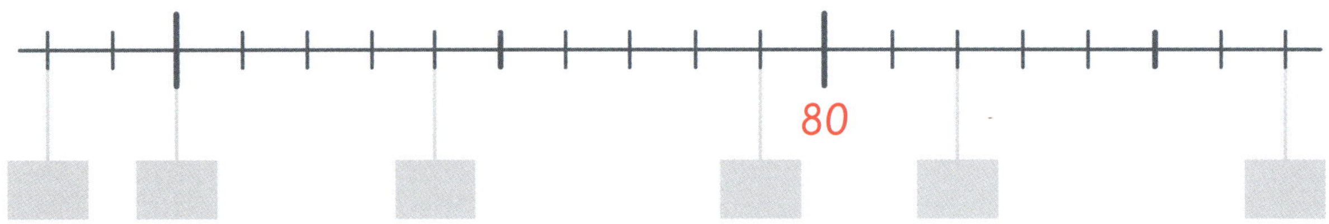

3 Ordne die Zahlen der Größe nach.
Kontrolliere mit dem Zahlenstrahl.

60 ~~10~~ 40

10 < ___ < ___

80 20 ~~90~~

90 > ___ > ___

40 71 45 17

___ < ___ < ___ < ___

79 92 29 97

> > >

1–3 Zahlenstrahl (Beilage 4) verwenden

1 Kreise die Zahlen am Zahlenstrahl ein. Schreibe sie mit beiden Nachbarzehnern auf.

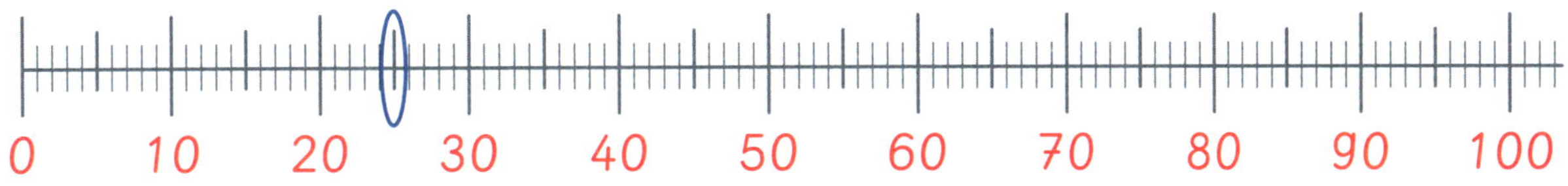

20 < 25 < 30

< 36 <

< 45 <

< 51 <

< 67 <

< 79 <

< 82 <

< 93 <

2 Rechne von der Zahl zu beiden Nachbarzehnern. Kontrolliere mit dem Zahlenstrahl.

24

24 − 4 = 20
24 + 6 = 30

38

38 − 8 =
38 + 2 =

52

52 − =
52 + =

65

65 − =
65 + =

83

− =
+ =

91

− =
+ =

1, 2 Zahlenstrahl (Beilage 4) verwenden

1 Male den Körper und seinen Namen in der gleichen Farbe an.

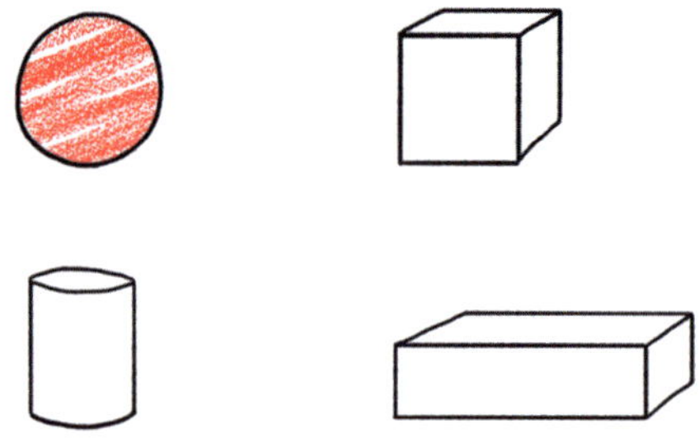

Quader | Kugel | Zylinder | Würfel

2 Was passt zusammen? Verbinde.
Schreibe die Namen der Körper auf.

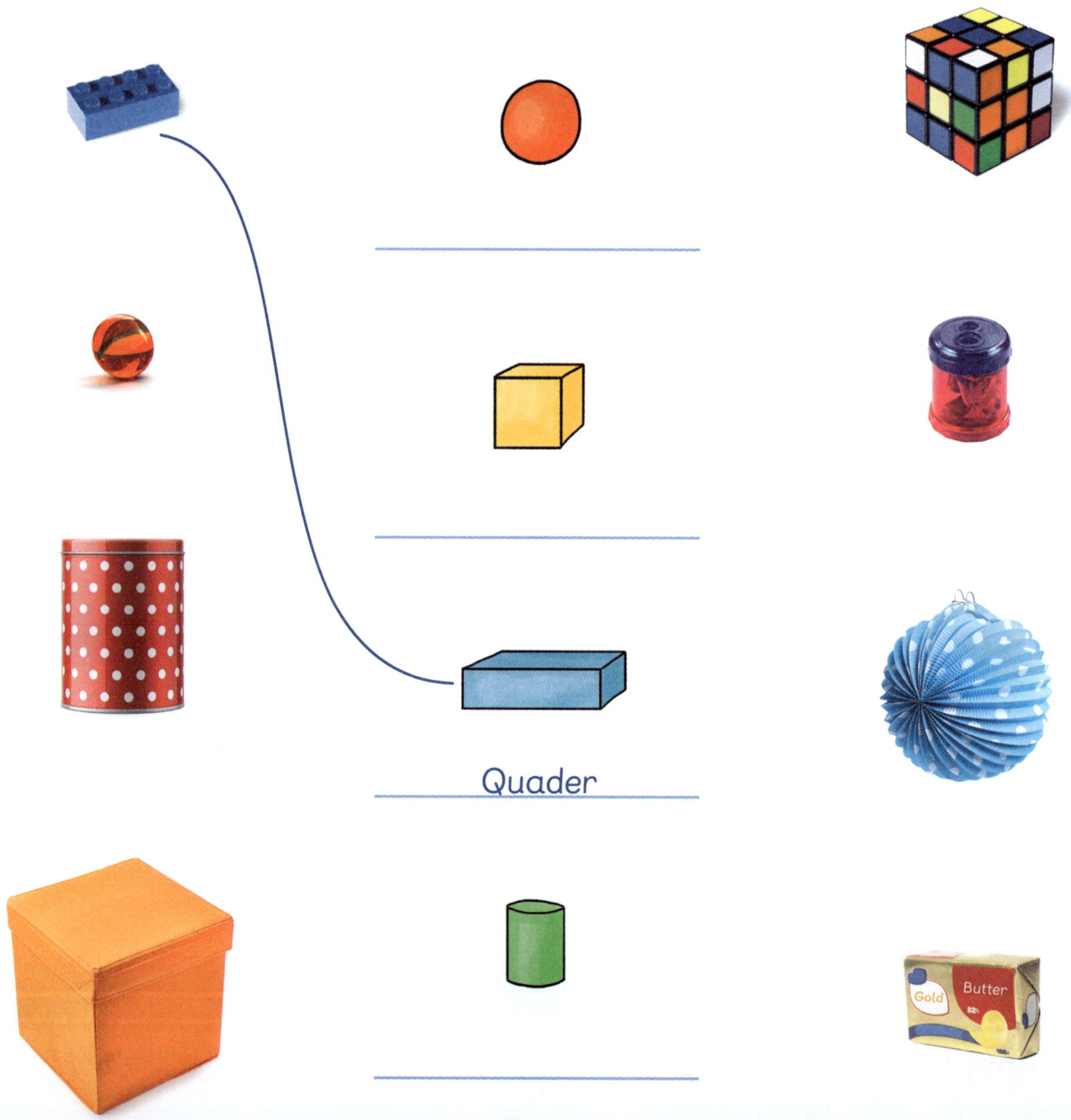

← nach links | → nach rechts | ↑ nach oben | ↓ nach unten

Setze einen Spielstein auf das graue Feld. Fahre im Gitter.
Male im Ziel einen farbigen Kreis.

↑ nach oben

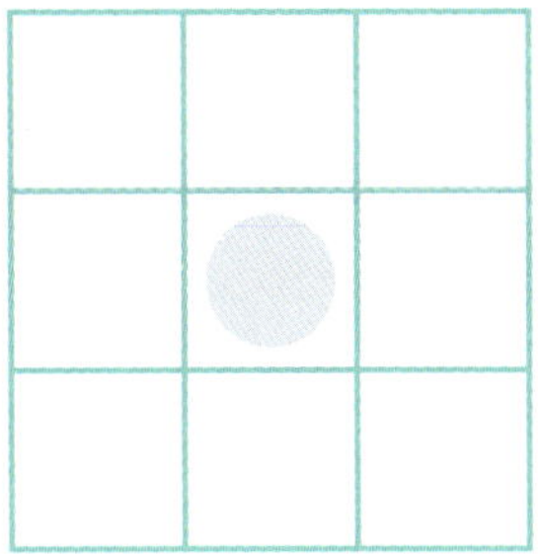

→ nach rechts

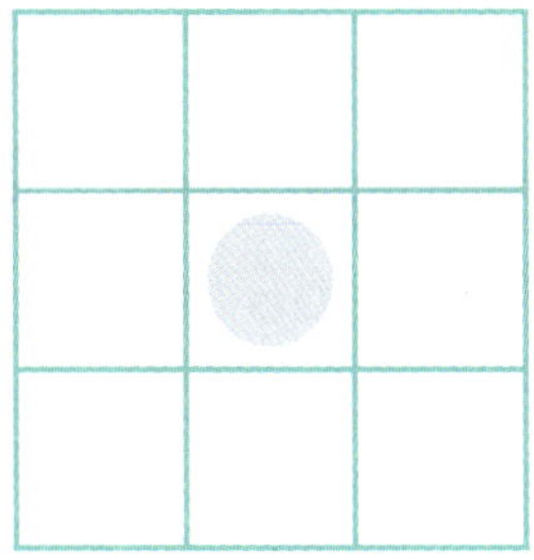

← nach links

↓ nach unten
→ nach rechts

↑ nach oben
← nach links

→ nach rechts
↓ nach unten

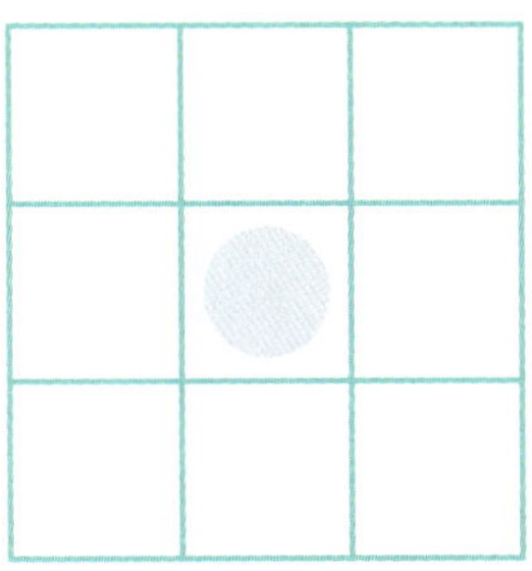

← nach links
↑ nach oben
→ nach rechts

↓ nach unten
← nach links
↓ nach unten

↑ nach oben
↑ nach oben
→ nach rechts

zu Heft 2, S. 6
zu Buch, S. 37

1 Trage die fehlenden Zahlen ein. Kontrolliere mit der Hundertertafel.

1	2	3			6	7	8		
11	12		14	15	16			19	20

51	52			55	56		58	59	60
		63	64			67	68		

	82		84		86		88		90
91		93		95		97		99	

2 Trage die fehlenden Zahlen ein. Kontrolliere mit der Hundertertafel.

1		
11	12	
21		
31		
	42	
51	52	
	62	
71		
	82	
91	92	

		8	
	17		
		28	
	37		
	47	48	
		58	
	77	78	
		88	
	97		

1, 2 Hundertertafel (ausklappbare Umschlagseite oder Beilage 2) verwenden

1	2	3	4	5	6	7	8	9	10
11	12	13	14	15	16	17	18	19	20
21	22	23	24	25	26	27	28	29	30
31	32	33	34	35	36	37	38	39	40
41	42	43	44	45	46	47	48	49	50
51	52	53	54	55	56	57	58	59	60
61	62	63	64	65	66	67	68	69	70
71	72	73	74	75	76	77	78	79	80
81	82	83	84	85	86	87	88	89	90
91	92	93	94	95	96	97	98	99	100

Kreise jede Zahl im Hunderterfeld ein. Schreibe dann ihren Vorgänger (V) und ihren Nachfolger (N) in die Tabelle.

V	Zahl	N
14	15	16
	25	
	45	
	65	
	95	

V	Zahl	N
	2	
	32	
	54	
	74	
	84	

V	Zahl	N
	9	
	18	
	29	
	38	
	49	

V	Zahl	N
	19	
	20	
	59	
	60	
	90	

Lege und rechne.

57 + 5 = ☐

57 + 3 = 60

60 + 2 =

54 + 9 = ☐

54 +

60 +

39 + 6 = ☐

36 + 8 = ☐

43 + 9 = ☐

45 + 6 = ☐

78 + 3 = ☐

79 + 4 = ☐

27 + 9 = ☐

28 + 7 = ☐

Steckwürfel oder Zehner und Einer (Beilage 1) verwenden

Über den Zehner – Minus

Lege und rechne.

43 – 8 =

43 – 3 = 40

40 – 5 =

41 – 4 =

41 –

40 –

62 – 3 =

66 – 9 =

24 – 9 =

22 – 6 =

55 – 6 =

51 – 7 =

96 – 8 =

93 – 9 =

Steckwürfel oder Zehner und Einer (Beilage 1) verwenden

Kalender 2021

Januar

Mo	Di	Mi	Do	Fr	Sa	So
				1	2	3
4	5	6	7	8	9	10
11	12	13	14	15	16	17
18	19	20	21	22	23	24
25	26	27	28	29	30	31

Februar

Mo	Di	Mi	Do	Fr	Sa	So
1	2	3	4	5	6	7
8	9	10	11	12	13	14
15	16	17	18	19	20	21
22	23	24	25	26	27	28

März

Mo	Di	Mi	Do	Fr	Sa	So
1	2	3	4	5	6	7
8	9	10	11	12	13	14
15	16	17	18	19	20	21
22	23	24	25	26	27	28
29	30	31				

April

Mo	Di	Mi	Do	Fr	Sa	So
			1	2	3	4
5	6	7	8	9	10	11
12	13	14	15	16	17	18
19	20	21	22	23	24	25
26	27	28	29	30		

Mai

Mo	Di	Mi	Do	Fr	Sa	So
					1	2
3	4	5	6	7	8	9
10	11	12	13	14	15	16
17	18	19	20	21	22	23
24	25	26	27	28	29	30
31						

Juni

Mo	Di	Mi	Do	Fr	Sa	So
	1	2	3	4	5	6
7	8	9	10	11	12	13
14	15	16	17	18	19	20
21	22	23	24	25	26	27
28	29	30				

Juli

Mo	Di	Mi	Do	Fr	Sa	So
			1	2	3	4
5	6	7	8	9	10	11
12	13	14	15	16	17	18
19	20	21	22	23	24	25
26	27	28	29	30	31	

August

Mo	Di	Mi	Do	Fr	Sa	So
						1
2	3	4	5	6	7	8
9	10	11	12	13	14	15
16	17	18	19	20	21	22
23	24	25	26	27	28	29
30	31					

September

Mo	Di	Mi	Do	Fr	Sa	So
		1	2	3	4	5
6	7	8	9	10	11	12
13	14	15	16	17	18	19
20	21	22	23	24	25	26
27	28	29	30			

Oktober

Mo	Di	Mi	Do	Fr	Sa	So
				1	2	3
4	5	6	7	8	9	10
11	12	13	14	15	16	17
18	19	20	21	22	23	24
25	26	27	28	29	30	31

November

Mo	Di	Mi	Do	Fr	Sa	So
1	2	3	4	5	6	7
8	9	10	11	12	13	14
15	16	17	18	19	20	21
22	23	24	25	26	27	28
29	30					

Dezember

Mo	Di	Mi	Do	Fr	Sa	So
		1	2	3	4	5
6	7	8	9	10	11	12
13	14	15	16	17	18	19
20	21	22	23	24	25	26
27	28	29	30	31		

1 Schreibe die Monatsnamen der Reihe nach auf.

Januar, ______________________________

____

____

2 Färbe im Kalender:

Monate mit genau 31 Tagen rot

Monate mit genau 30 Tagen grün

3 Färbe den Monat mit genau 28 Tagen blau.

Schreibe seinen Namen auf. ______________

4 Ergänze die Sätze:

1 Jahr hat ___ Monate. 1 Woche hat ___ Tage.

Die Uhr

zu Heft 2, S. 17
zu Buch, S. 47

1 Schreibe beide Uhrzeiten auf.

1 Uhr
___ Uhr

___ Uhr
___ Uhr

___ Uhr
___ Uhr

___ Uhr
___ Uhr

___ Uhr
___ Uhr

___ Uhr
___ Uhr

2 Verbinde die Uhren, die die gleiche Zeit zeigen. Eine Uhr bleibt übrig.

1 Ggf. Lernuhr (Beilage 5) verwenden

zu Heft 2, S. 18
zu Buch, S. 48

1 Setze die fehlenden Wörter ein.

| eine Stunde | Minuten | Viertelstunde |
| halbe Stunde | Stunden | |

Der kurze Zeiger zeigt die ____________________.

Der lange Zeiger zeigt die ____________________.

60 Minuten = ____________________

30 Minuten = ____________________

15 Minuten = ____________________

2 Stelle die Uhrzeiten an der Lernuhr ein. Schreibe sie dann auf.

4.00 Uhr

4.15 Uhr

Uhr

Uhr

Uhr

Uhr

Uhr

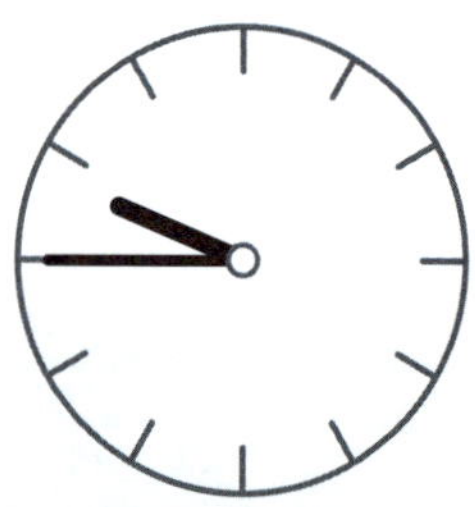
Uhr

2 Lernuhr (Beilage 5) verwenden

Setze die Muster fort.

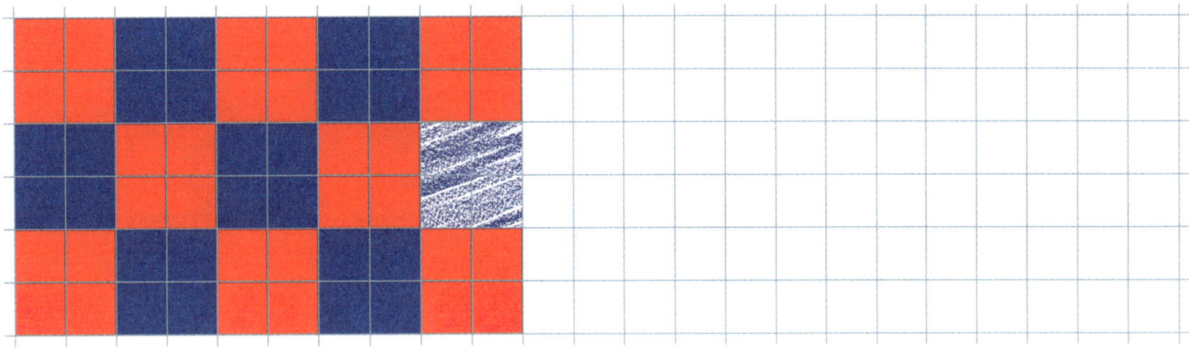

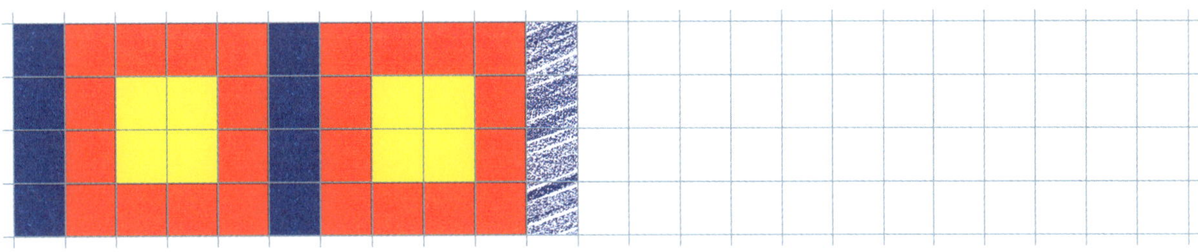

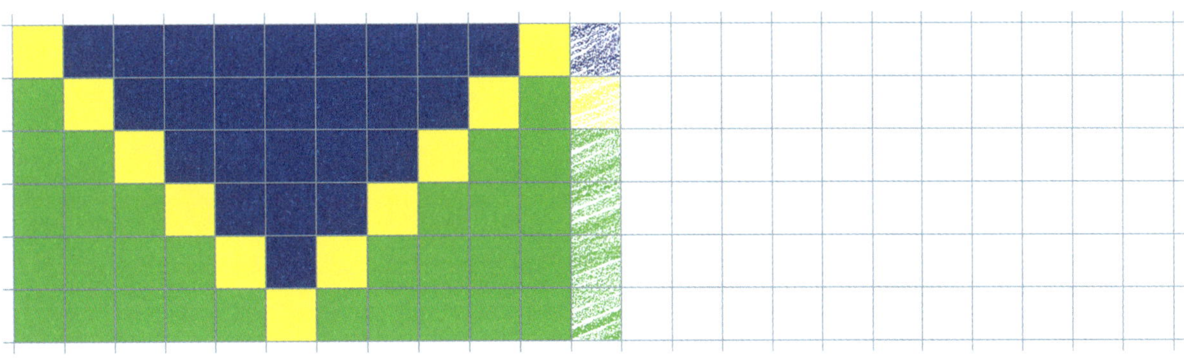

zu Heft 2, S. 24
zu Buch, S. 53

Schreibe zu jedem Bild eine Plusaufgabe und eine Malaufgabe und löse sie.

2 + 2 + 2 = ___

3 · 2 = ___

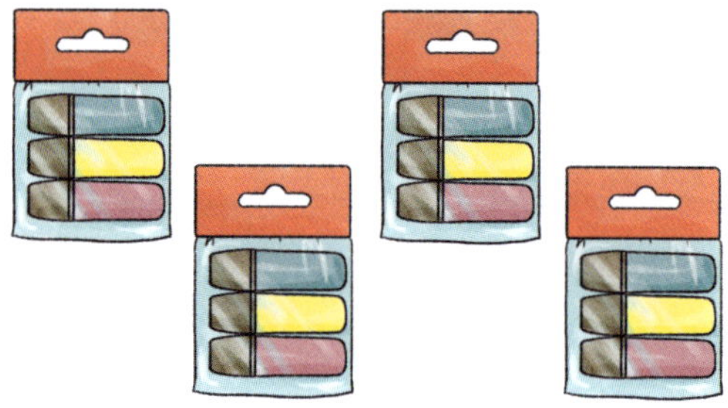

3 + ___ + ___ + ___ = ___

___ · ___ = ___

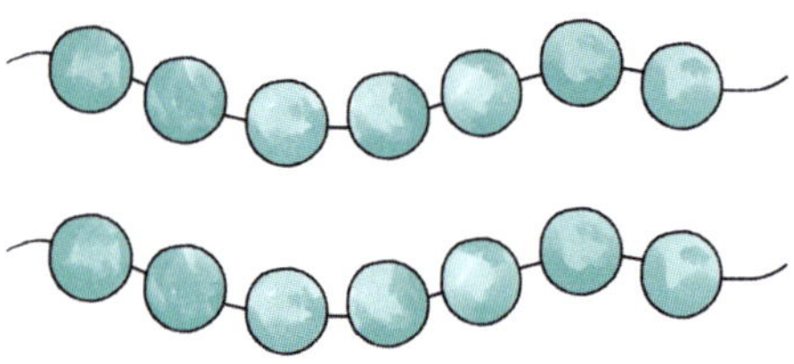

___ + ___ = ___

___ · ___ = ___

___ + ___ + ___ = ___

___ · ___ = ___

___ + ___ + ___ + ___ = ___

___ · ___ = ___

___ + ___ + ___ + ___ = ___

___ · ___ = ___

Plus- und Malaufgaben

zu Heft 2, S. 25
zu Buch, S. 54

Schreibe zu jedem Bild eine Plusaufgabe und eine Malaufgabe und löse sie.

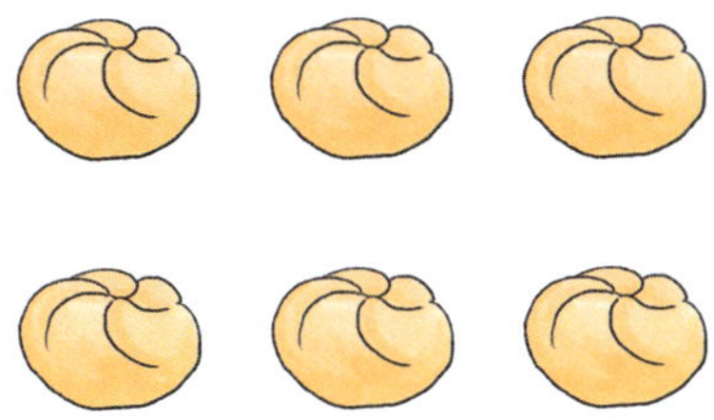

3 + 3 = ___

2 · ___ = ___

7 + ___ + ___ + ___ + ___ = ___

___ · ___ = ___

___ + ___ + ___ + ___ = ___

___ · ___ = ___

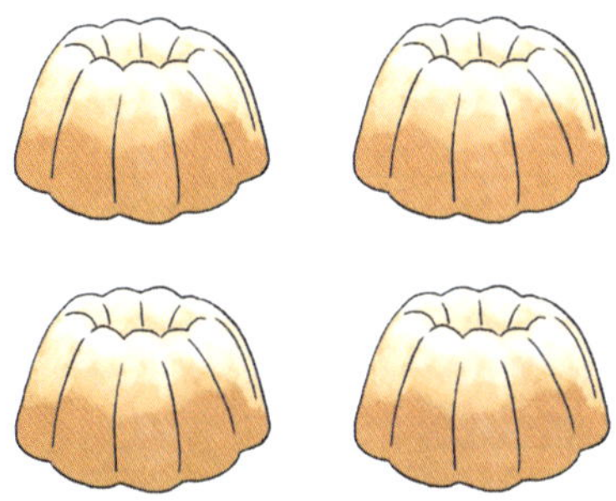

___ + ___ = ___

___ · ___ = ___

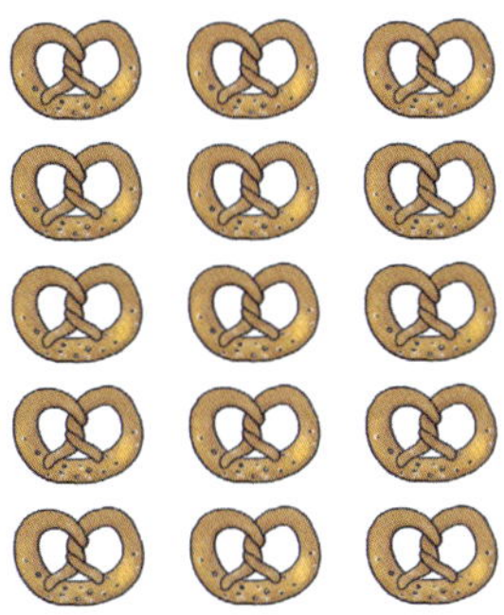

___ + ___ + ___ + ___ + ___ = ___

___ · ___ = ___

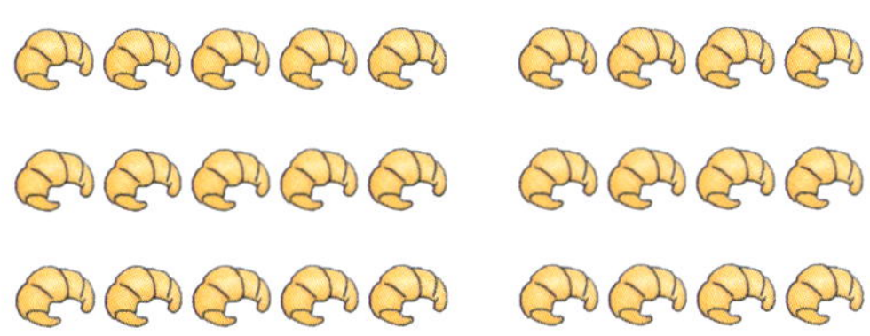

___ + ___ + ___ = ___

___ · ___ = ___

1 Schreibe zu jedem Bild eine Plusaufgabe und eine Malaufgabe und löse sie.

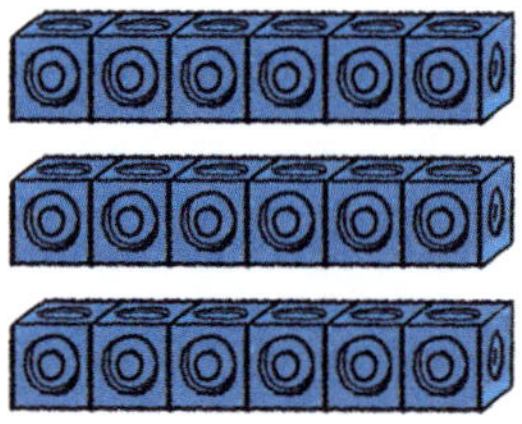

6 + ___ + ___ = ___

___ · ___ = ___

___ + ___ = ___

___ · ___ = ___

2 Lege mit Steckwürfeln und male. Schreibe die Malaufgabe und löse sie.

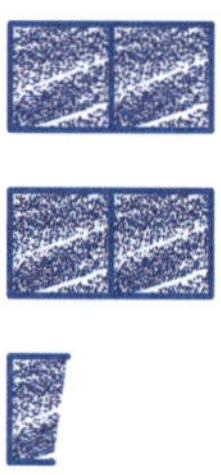

2 + 2 + 2 = ___

3 · ___ = ___

5 + 5 = ___

___ · ___ = ___

3 + 3 + 3 + 3 = ___

___ · ___ = ___

8 + 8 = ___

___ · ___ = ___

Schreibe zu jedem Bild eine Malaufgabe und ihre Tauschaufgabe und löse sie.

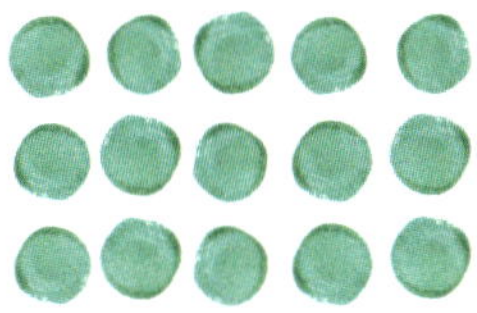

3 · 5 = ___
5 · ___ = ___

2 · ___ = ___
___ · ___ = ___

6 · ___ = ___
___ · ___ = ___

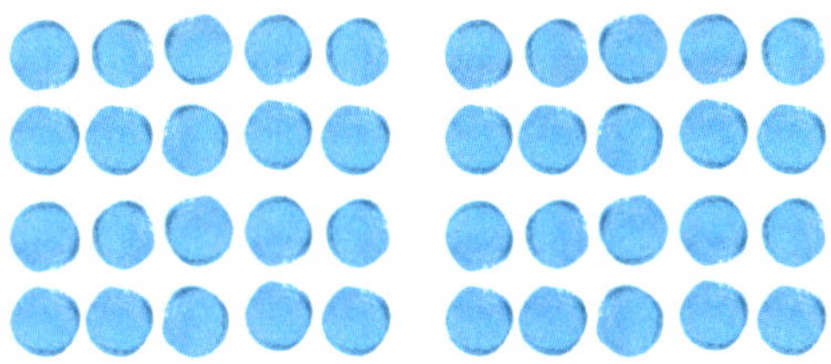

4 · ___ = ___
___ · ___ = ___

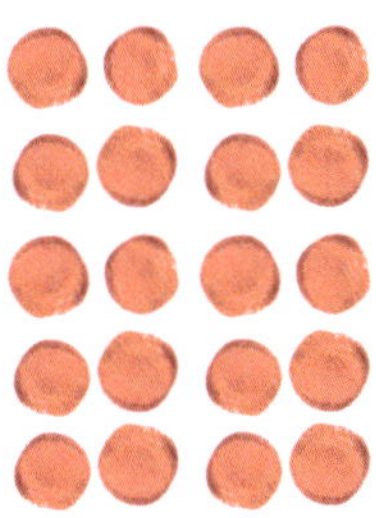

5 · ___ = ___
___ · ___ = ___

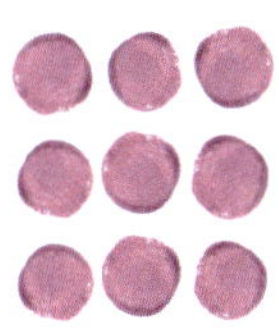

3 · ___ = ___
___ · ___ = ___

1 Lege nach. Schreibe zu jedem Bild eine Plus- und eine Malaufgabe mit 10 und löse sie.

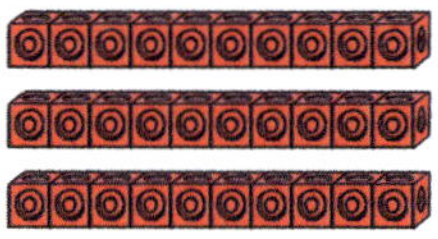

10 + 10 + 10 = ______

3 · 10 = ______

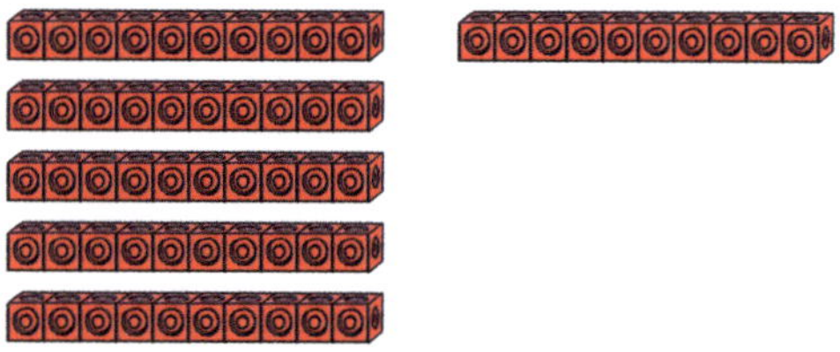

10 + ______

______

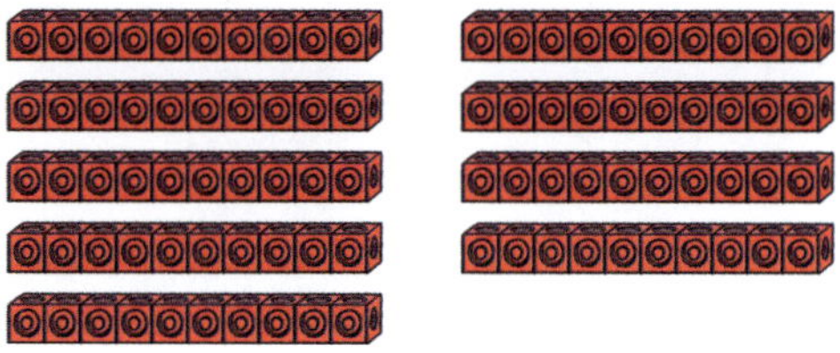

______

______

2 Lege jede Aufgabe nach und löse sie.

1 · 10 = ☐	6 · 10 = ☐
2 · 10 = ☐	7 · 10 = ☐
3 · 10 = ☐	8 · 10 = ☐
4 · 10 = ☐	9 · 10 = ☐
5 · 10 = ☐	10 · 10 = ☐

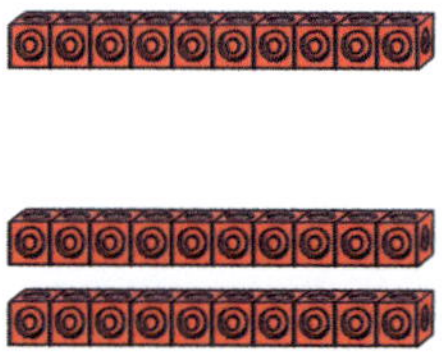

3 Schreibe die 10er-Reihe auf.

10, 20, ______

1, 2 Steckwürfel oder Zehner (Beilage 1) verwenden

zu Heft 2, S. 29
zu Buch, S. 57

Einmaleins mit 5

1 Lege nach. Schreibe zu jedem Bild eine Plus- und eine Malaufgabe mit 5 und löse sie.

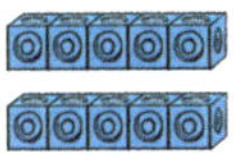

5 + 5 =

2 · 5 =

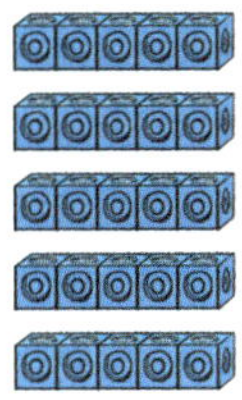

5 +

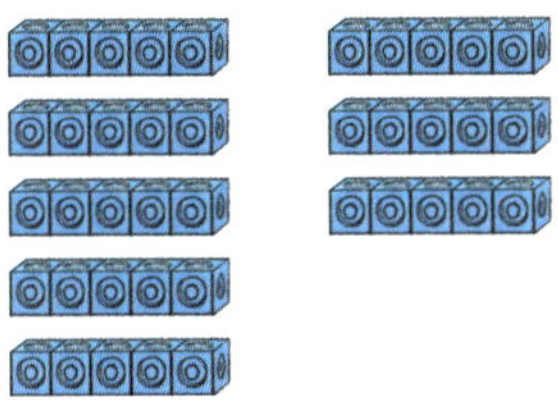

2 Lege jede Aufgabe nach und löse sie.

1 · 5 =	6 · 5 =
2 · 5 =	7 · 5 =
3 · 5 =	8 · 5 =
4 · 5 =	9 · 5 =
5 · 5 =	10 · 5 =

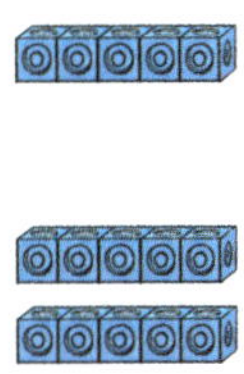

3 Schreibe die 5er-Reihe auf.

5, 10,

1, 2 Steckwürfel verwenden

zu Heft 2, S. 30
zu Buch, S. 58

1 Lege nach. Schreibe zu jedem Bild eine Plus- und eine Malaufgabe mit 2 und löse sie.

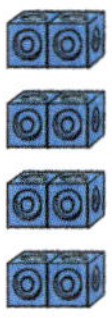

2 + 2 + 2 + 2 = ______

4 · 2 = ______

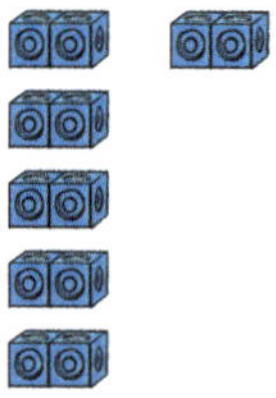

______

______

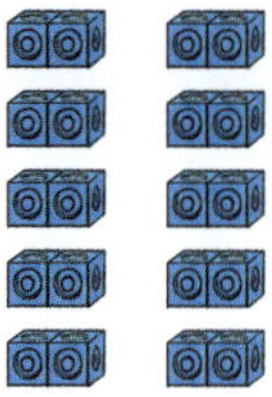

______

______

2 Lege jede Aufgabe nach und löse sie.

1 · 2 = ☐ 6 · 2 = ☐

2 · 2 = ☐ 7 · 2 = ☐

3 · 2 = ☐ 8 · 2 = ☐

4 · 2 = ☐ 9 · 2 = ☐

5 · 2 = ☐ 10 · 2 = ☐

3 Schreibe die 2er-Reihe auf.

2, 4, ______

zu Heft 2, S. 32
zu Buch, S. 60

1 Wechsle das Geld in 10-€-Scheine. Zeichne.

10

2 Wechsle das Geld in 10-ct-Münzen. Zeichne.

10

3 Wie viel Geld ist es? Schreibe eine Plusaufgabe auf.

10 ct +

1–3 Ggf. Spielgeld (Beilagen 2 und 3) verwenden

Rechnen mit Geld

zu Heft 2, S. 33
zu Buch, S. 61

Schreibe Lösungsweg (L) und Antwort (A) auf.

Mia kauft Luftschlangen für 70 ct und einen Luftballon für 20 ct.

F: Wie viel Cent muss sie bezahlen?

L: 50 20

70 ct + ______

A: Sie muss ______

Paul kauft einen Hut für 12 € und eine Brille für 5 €.

F: Wie viel Euro muss er bezahlen?

L: 10

______

A: Er muss ______

Lea kauft einen Umhang für 15 € und eine Nase für 3 €.

F: Wie viel Euro muss sie bezahlen?

L:

______

A: Sie muss ______

Amar kauft eine Brille für 5 € und einen Umhang für 15 €.

F: Wie viel Euro muss er bezahlen?

L:

______

A: Er muss ______

Ggf. Spielgeld (Beilagen 2 und 3) verwenden

Wiederholung

zu Heft 1, S. 6
zu Buch, S. 5

Größer, kleiner, gleich

> ist größer als | < ist kleiner als | = gleich

1 Setze ein: >, < oder =

2 < 4	8 > 7	19 > 9	11 = 11
5 > 1	6 = 6	0 < 12	14 > 10
3 = 3	4 < 9	8 < 17	15 < 20
0 < 2	7 > 5	16 > 4	13 = 13

Kleine Aufgaben, große Aufgaben

2 Rechne die kleine und die große Aufgabe.

1 + 3 = 4	5 + 4 = 9	2 + 6 = 8
11 + 3 = 14	15 + 4 = 19	12 + 6 = 18
3 + 7 = 10	4 + 3 = 7	3 + 2 = 5
13 + 7 = 20	14 + 3 = 17	13 + 2 = 15

3 Rechne die kleine und die große Aufgabe.

5 – 2 = 3	2 – 1 = 1	8 – 3 = 5
15 – 2 = 13	12 – 1 = 11	18 – 3 = 15
6 – 4 = 2	7 – 7 = 0	9 – 5 = 4
16 – 4 = 12	17 – 7 = 10	19 – 5 = 14

Wiederholung

zu Heft 1, S. 7
zu Buch, S. 6

Rechne zuerst zur 10 und dann weiter.

Über den Zehner – Plus

1 Rechne.

8 + 5 = 13	5 + 9 = 14	7 + 4 = 11
8 + 2 = 10	5 + 5 = 10	7 + 3 = 10
10 + 3 = 13	10 + 4 = 14	10 + 1 = 11
4 + 8 = 12	9 + 7 = 16	6 + 6 = 12
4 + 6 = 10	9 + 1 = 10	6 + 4 = 10
10 + 2 = 12	10 + 6 = 16	10 + 2 = 12

Über den Zehner – Minus

2 Rechne.

13 – 5 = 8	12 – 8 = 4	15 – 6 = 9
13 – 3 = 10	12 – 2 = 10	15 – 5 = 10
10 – 2 = 8	10 – 6 = 4	10 – 1 = 9
11 – 7 = 4	16 – 9 = 7	14 – 8 = 6
11 – 1 = 10	16 – 6 = 10	14 – 4 = 10
10 – 6 = 4	10 – 3 = 7	10 – 4 = 6

1, 2 Rechenstrategie bis zur 10 und dann weiter üben

Wiederholung

zu Heft 1, S. 8
zu Buch, S. 7

3 Zahlen – 4 Aufgaben

1 Schreibe 4 Aufgaben.

2 · 8 · 6	
2 + 6 = 8	8 – 6 = 2
6 + 2 = 8	8 – 2 = 6

4 · 7 · 3	
4 + 3 = 7	7 – 3 = 4
3 + 4 = 7	7 – 4 = 3

6 · 11 · 5	
6 + 5 = 11	11 – 5 = 6
5 + 6 = 11	11 – 6 = 5

9 · 19 · 10	
9 + 10 = 19	19 – 10 = 9
10 + 9 = 19	19 – 9 = 10

Rechenmauern

2 Löse die Rechenmauern.

- 4 / 3, 1
- 8 / 6, 2
- 9 / 4, 5

3 Löse die Rechenmauern.

- 9 / 3, 6 / 1, 2, 4
- 8 / 5, 3 / 5, 0, 3

1 Zu drei Zahlen jeweils zwei Plusaufgaben (Tauschaufgaben) und zwei Minusaufgaben (Umkehraufgaben) aufschreiben.

Wiederholung

zu Heft 1, S. 9
zu Buch, S. 8

Unser Geld

1 Wie viel Euro sind es? Lege nach und rechne.

5 € + 1 € + 1 € + 1 € = 8 €

5 € + 2 € = 7 €

10 € + 2 € + 1 € = 13 €

10 € + 5 € + 1 € = 16 €

Rechengeschichten

2 Wie viel Euro kostet es zusammen? Lege und rechne.

2€ 4€
2 € + 4 € = 6 €

8€ 1€
8 € + 1 € = 9 €

12€ 3€
12 € + 3 € = 15 €

7€ 6€
7 € + 6 € = 13 €

1, 2 Spielgeld (Beilagen 2 und 3) verwenden

Wiederholung

zu Heft 1, S. 10
zu Buch, S. 9

Uhrzeiten

Schreibe beide Uhrzeiten auf.

8 Uhr / 20 Uhr

2 Uhr / 14 Uhr

6 Uhr / 18 Uhr

1 Uhr / 13 Uhr

5 Uhr / 17 Uhr

3 Uhr / 15 Uhr

11 Uhr / 23 Uhr

12 Uhr / 24 Uhr / 0 Uhr

9 Uhr / 21 Uhr

Ggf. Lernuhr (Beilage 5) verwenden

Zehnerzahlen

zu Heft 1, S. 12
zu Buch, S. 11

1 Lege nach. Schreibe die Zehnerzahlen auf zwei Arten.

1 Z = 10   2 Z = 20   3 Z = 30   4 Z = 40   5 Z = 50

6 Z = 60   7 Z = 70   8 Z = 80   9 Z = 90   10 Z = 100

2 Lege und schreibe als Zahl.

5 Z = 50	3 Z = 30	6 Z = 60
8 Z = 80	1 Z = 10	10 Z = 100
2 Z = 20	9 Z = 90	4 Z = 40

3 Setze ein: >, < oder =

20 < 30	80 > 10	90 = 90
50 > 10	20 = 20	100 > 10
40 = 40	30 < 90	40 < 60
70 > 60	10 > 0	80 < 90

1, 2 Steckwürfel oder Zehner (Beilage 1) verwenden

Rechnen mit Zehnerzahlen

zu Heft 1, S. 13
zu Buch, S. 12

1 Lege nach. Schreibe die Plusaufgaben auf.

3 Z + 2 Z = 5 Z
30 + 20 = 50

2 Z + 4 Z = 6 Z
20 + 40 = 60

6 Z + 3 Z = 9 Z
60 + 30 = 90

1 Z + 7 Z = 8 Z
10 + 70 = 80

2 Lege nach. Schreibe die Minusaufgaben auf.

4 Z – 3 Z = 1 Z
40 – 30 = 10

5 Z – 2 Z = 3 Z
50 – 20 = 30

3 Z – 1 Z = 2 Z
30 – 10 = 20

6 Z – 6 Z = 0 Z
60 – 60 = 0

1, 2 Steckwürfel oder Zehner (Beilage 1) verwenden

Zehner und Einer

zu Heft 1, S. 14
zu Buch, S. 13

1 Zehner — 1 Einer •

1 Schreibe die Zahlen auf zwei Arten.

3 Z 2 E = 32 | 2 Z 5 E = 25 | 5 Z 1 E = 51

4 Z 6 E = 46 | 1 Z 7 E = 17 | 2 Z 4 E = 24

6 Z 4 E = 64 | 5 Z 8 E = 58 | 7 Z 0 E = 70

2 Zeichne Zehner und Einer. Schreibe die Zahl auf.

4 Z 3 E = 43 | 3 Z 5 E = 35 | 2 Z 7 E = 27

1, 2 Ggf. Steckwürfel oder Zehner und Einer (Beilage 1) verwenden

Zahlen bis 100 darstellen

zu Heft 1, S. 15
zu Buch, S. 14

43 — Zahl | 40 + 3 — Plusaufgabe | Striche und Punkte | Tabelle

H	Z	E
	4	3

1 Schreibe jede Zahl als Plusaufgabe.

25 = 20 + 5 | 64 = 60 + 4 | 73 = 70 + 3

51 = 50 + 1 | 36 = 30 + 6 | 18 = 10 + 8

19 = 10 + 9 | 92 = 90 + 2 | 87 = 80 + 7

2 Fülle die Tabellen aus.

H	Z	E
	5	4

H	Z	E
	6	5

H	Z	E
	4	9

H	Z	E
	9	4

3 Zeichne mit Strichen und Punkten.

37 | 71 | 68

Zahlwörter

zu Heft 1, S. 18
zu Buch, S. 16

1 Lies das Zahlwort und male die richtige Zahl an.

zwanzig: 30 | **20** | 40

dreiundzwanzig: **23** | 32 | 43

sechzig: **60** | 70 | 20

fünfundsechzig: 75 | 56 | **65**

fünfzig: 30 | 80 | **50**

achtundfünfzig: 85 | **58** | 88

2 Lies die Zahl und male das richtige Zahlwort an.

47: **siebenundvierzig** | vierundsiebzig | siebenundfünfzig

34: fünfunddreißig | **vierunddreißig** | dreiundvierzig

79: siebenundzwanzig | siebenundneunzig | **neunundsiebzig**

92: **zweiundneunzig** | neunundzwanzig | zweiundzwanzig

Rechnen mit einstelligen Zahlen – Plus

zu Heft 1, S. 22
zu Buch, S. 19

1 Schreibe passende Plusaufgaben.

23 + 5 = 28 | 54 + 2 = 56

45 + 4 = 49 | 71 + 6 = 77

2 Lege, zeichne und rechne.

32 + 3 = 35 | 65 + 4 = 69

81 + 8 = 89 | 47 + 1 = 48

3 Lege und rechne.

11 + 3 = 14	45 + 0 = 45	91 + 5 = 96
11 + 4 = 15	45 + 1 = 46	92 + 5 = 97
11 + 5 = 16	45 + 2 = 47	93 + 5 = 98
11 + 6 = 17	45 + 3 = 48	94 + 5 = 99

2, 3 Zehner und Einer (Beilage 1) oder Steckwürfel verwenden

Rechnen mit einstelligen Zahlen – Minus

zu Heft 1, S. 23
zu Buch, S. 20

1 Schreibe passende Minusaufgaben.

48 – 2 = 46

67 – 6 = 61

39 – 5 = 34

26 – 4 = 22

2 Lege, zeichne und rechne.

54 – 3 = 51

75 – 1 = 74

47 – 7 = 40

38 – 6 = 32

3 Lege und rechne.

15 – 1 = 14	39 – 4 = 35	76 – 6 = 70
15 – 2 = 13	39 – 5 = 34	77 – 6 = 71
15 – 3 = 12	39 – 6 = 33	78 – 6 = 72
15 – 4 = 11	39 – 7 = 32	79 – 6 = 73

2, 3 Zehner und Einer (Beilage 1) oder Steckwürfel verwenden

Längen vergleichen

zu Heft 1, S. 24
zu Buch, S. 21

Schneide eine Schnur so ab, dass sie genau so lang ist wie die rote Schnur auf dem Tisch. Vergleiche und kreuze an.

länger: X kürzer:

länger: kürzer: X

länger: kürzer: X

länger: X kürzer:

länger: X kürzer:

länger: kürzer: X

länger: X kürzer:

länger: kürzer: X

länger: X kürzer:

Eine Schnur auf 5 cm abschneiden. Durch Auflegen auf die abgebildeten Schnüre entscheiden, ob diese länger oder kürzer sind.

Messen mit Zentimeter

zu Heft 1, S. 27
zu Buch, S. 24

Miss die Länge der Dinge mit dem Lineal.

4 cm

10 cm

6 cm

8 cm

5 cm

3 cm

14 cm

Mit dem Lineal messen. Immer bei 0 cm beginnen.

Messen und zeichnen

zu Heft 1, S. 28
zu Buch, S. 25

1 Miss die Strecken. Schreibe den Buchstaben zu den passenden Längen. Wie heißt das Lösungswort?

2 cm	4 cm	7 cm	9 cm	10 cm	13 cm
L	I	N	E	A	L

E

N

L

I

L

A

2 Zeichne die Strecken. Beginne bei dem kleinen Strich.

4 cm:

8 cm:

11 cm:

Mit dem Lineal messen. Immer bei 0 cm beginnen.

Rechnen mit Zehnerzahlen – Plus

zu Heft 1, S. 29
zu Buch, S. 26

1 Schreibe passende Plusaufgaben.

34 + 20 = 54
56 + 10 = 66
42 + 30 = 72
19 + 40 = 59

2 Lege, zeichne und rechne.

25 + 50 = 75
13 + 70 = 83
47 + 10 = 57
61 + 30 = 91

3 Lege und rechne.

55 + 10 = 65	34 + 20 = 54	12 + 50 = 62
55 + 20 = 75	34 + 30 = 64	22 + 50 = 72
55 + 30 = 85	34 + 40 = 74	32 + 50 = 82
55 + 40 = 95	34 + 50 = 84	42 + 50 = 92

2, 3 Zehner und Einer (Beilage 1) oder Steckwürfel verwenden

Rechnen mit Zehnerzahlen – Minus

zu Heft 1, S. 30
zu Buch, S. 27

1 Schreibe passende Minusaufgaben.

53 – 30 = 23
65 – 20 = 45
41 – 40 = 1
37 – 10 = 27

2 Lege, zeichne und rechne.

45 – 20 = 25
63 – 10 = 53
57 – 50 = 7
71 – 30 = 41

3 Lege und rechne.

85 – 10 = 75	52 – 20 = 32	96 – 40 = 56
85 – 20 = 65	52 – 30 = 22	86 – 40 = 46
85 – 30 = 55	52 – 40 = 12	76 – 40 = 36
85 – 40 = 45	52 – 50 = 2	66 – 40 = 26

2, 3 Zehner und Einer (Beilage 1) oder Steckwürfel verwenden

Der Zahlenstrahl

zu Heft 1, S. 31
zu Buch, S. 28

1 Trage die fehlenden Zahlen ein.

8 10 12 14 15 17 19 20 21 23 24 26 27
9 11 13 16 18 22 25

39 41 43 44 46 47 49 50 51 52 54 55 57
38 40 42 45 48 53 56

2 Trage die fehlenden Zahlen ein.

30 40
29 31 35 37 41 45

80
68 70 74 79 82 87

3 Ordne die Zahlen der Größe nach. Kontrolliere mit dem Zahlenstrahl.

60 10 40
10 < 40 < 60

80 20 90
90 > 80 > 20

40 71 45 17
17 < 40 < 45 < 71

79 92 29 97
97 > 92 > 79 > 29

1–3 Zahlenstrahl (Beilage 4) verwenden

Nachbarzehner am Zahlenstrahl

zu Heft 1, S. 32
zu Buch, S. 29

1 Kreise die Zahlen am Zahlenstrahl ein. Schreibe sie mit beiden Nachbarzehnern auf.

0 10 20 30 40 50 60 70 80 90 100

20 < 25 < 30	30 < 36 < 40
40 < 45 < 50	50 < 51 < 60
60 < 67 < 70	70 < 79 < 80
80 < 82 < 90	90 < 93 < 100

2 Rechne von der Zahl zu beiden Nachbarzehnern. Kontrolliere mit dem Zahlenstrahl.

24	38	52
24 – 4 = 20	38 – 8 = 30	52 – 2 = 50
24 + 6 = 30	38 + 2 = 40	52 + 8 = 60

65	83	91
65 – 5 = 60	83 – 3 = 80	91 – 1 = 90
65 + 5 = 70	83 + 7 = 90	91 + 9 = 100

1, 2 Zahlenstrahl (Beilage 4) verwenden

Körper in der Umwelt

zu Heft 1, S. 35
zu Buch, S. 31

1 Male den Körper und seinen Namen in der gleichen Farbe an.

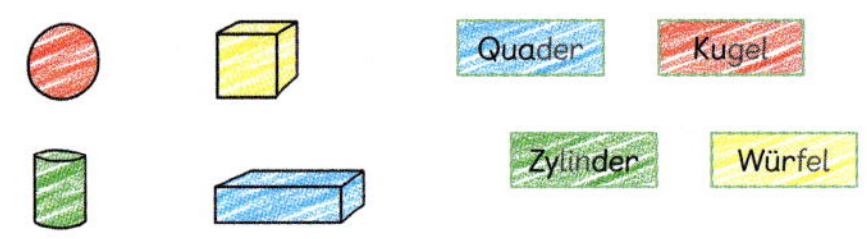

2 Was passt zusammen? Verbinde.
Schreibe die Namen der Körper auf.

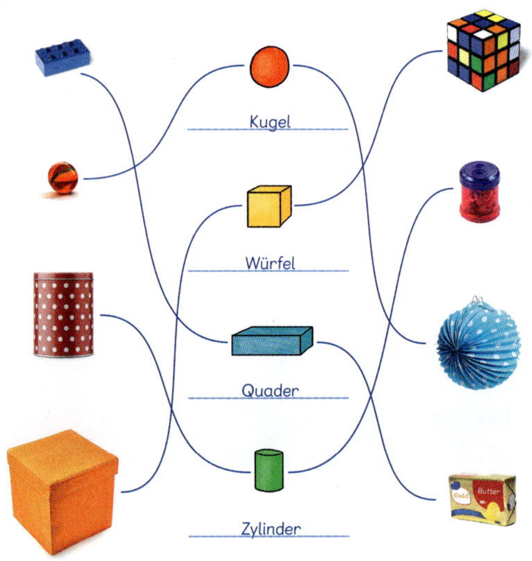

Links, rechts, oben, unten

zu Heft 2, S. 5
zu Buch, S. 36

Setze einen Spielstein auf das graue Feld. Fahre im Gitter.
Male im Ziel einen farbigen Kreis.

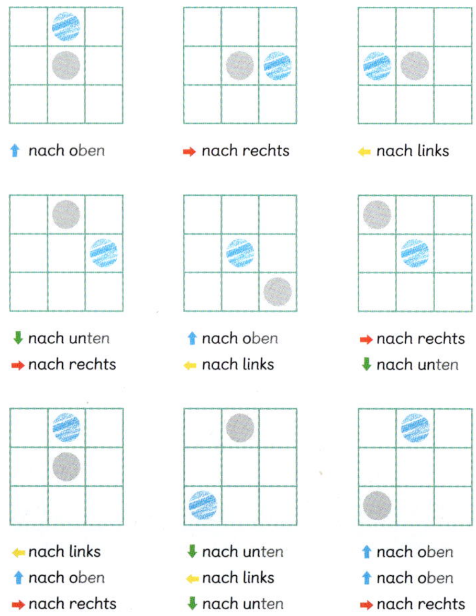

Mit einem Spielstein die Wege nachfahren

Orientieren in der Hundertertafel

zu Heft 2, S. 6
zu Buch, S. 37

1 Trage die fehlenden Zahlen ein. Kontrolliere mit der Hundertertafel.

1	2	3	4	5	6	7	8	9	10
11	12	13	14	15	16	17	18	19	20

51	52	53	54	55	56	57	58	59	60
61	62	63	64	65	66	67	68	69	70

81	82	83	84	85	86	87	88	89	90
91	92	93	94	95	96	97	98	99	100

2 Trage die fehlenden Zahlen ein. Kontrolliere mit der Hundertertafel.

1	2
11	12
21	22
31	32
41	42
51	52
61	62
71	72
81	82
91	92

7	8
17	18
27	28
37	38
47	48
57	58
67	68
77	78
87	88
97	98

1,2 Hundertertafel (ausklappbare Umschlagseite oder Beilage 2) verwenden

Zahlen und ihre Nachbarn

zu Heft 2, S. 9
zu Buch, S. 40

1	**2**	3	4	5	6	7	8	**9**	10
11	12	13	14	**15**	16	17	**18**	**19**	**20**
21	22	23	24	**25**	26	27	28	**29**	30
31	**32**	33	34	35	36	37	**38**	39	40
41	42	43	44	**45**	46	47	48	**49**	50
51	52	53	**54**	55	56	57	58	**59**	**60**
61	62	63	64	**65**	66	67	68	69	70
71	72	73	**74**	75	76	77	78	79	80
81	82	83	**84**	85	86	87	88	89	**90**
91	92	93	94	**95**	96	97	98	99	100

Kreise jede Zahl im Hunderterfeld ein. Schreibe dann ihren Vorgänger (V) und ihren Nachfolger (N) in die Tabelle.

V	Zahl	N
14	15	16
24	25	26
44	45	46
64	65	66
94	95	96

V	Zahl	N
1	2	3
31	32	33
53	54	55
73	74	75
83	84	85

V	Zahl	N
8	9	10
17	18	19
28	29	30
37	38	39
48	49	50

V	Zahl	N
18	19	20
19	20	21
58	59	60
59	60	61
89	90	91

Über den Zehner – Plus

zu Heft 2, S. 12
zu Buch, S. 42

Lege und rechne.

57 + 5 = 62
57 + 3 = 60
60 + 2 = 62

54 + 9 = 63
54 + 6 = 60
60 + 3 = 63

39 + 6 = 45
39 + 1 = 40
40 + 5 = 45

36 + 8 = 44
36 + 4 = 40
40 + 4 = 44

43 + 9 = 52
43 + 7 = 50
50 + 2 = 52

45 + 6 = 51
45 + 5 = 50
50 + 1 = 51

78 + 3 = 81
78 + 2 = 80
80 + 1 = 81

79 + 4 = 83
79 + 1 = 80
80 + 3 = 83

27 + 9 = 36
27 + 3 = 30
30 + 6 = 36

28 + 7 = 35
28 + 2 = 30
30 + 5 = 35

Steckwürfel oder Zehner und Einer (Beilage 1) verwenden

Über den Zehner – Minus

zu Heft 2, S. 13
zu Buch, S. 43

Lege und rechne.

43 – 8 = 35
43 – 3 = 40
40 – 5 = 35

41 – 4 = 37
41 – 1 = 40
40 – 3 = 37

62 – 3 = 59
62 – 2 = 60
60 – 1 = 59

66 – 9 = 57
66 – 6 = 60
60 – 3 = 57

24 – 9 = 15
24 – 4 = 20
20 – 5 = 15

22 – 6 = 16
22 – 2 = 20
20 – 4 = 16

55 – 6 = 49
55 – 5 = 50
50 – 1 = 49

51 – 7 = 44
51 – 1 = 50
50 – 6 = 44

96 – 8 = 88
96 – 6 = 90
90 – 2 = 88

93 – 9 = 84
93 – 3 = 90
90 – 6 = 84

Steckwürfel oder Zehner und Einer (Beilage 1) verwenden

Kalender – Tage, Wochen, Monate

zu Heft 2, S. 15
zu Buch, S. 45

1 Schreibe die Monatsnamen der Reihe nach auf.

Januar, Februar, März, April, Mai, Juni, Juli,
August, September, Oktober, November, Dezember

2 Färbe im Kalender:
Monate mit genau 31 Tagen rot
Monate mit genau 30 Tagen grün

3 Färbe den Monat mit genau 28 Tagen blau.
Schreibe seinen Namen auf. Februar

4 Ergänze die Sätze:
1 Jahr hat 12 Monate. 1 Woche hat 7 Tage.

Die Uhr

zu Heft 2, S. 17
zu Buch, S. 47

1 Schreibe beide Uhrzeiten auf.

1 Uhr / 13 Uhr — 4 Uhr / 16 Uhr — 5 Uhr / 17 Uhr

8 Uhr / 20 Uhr — 10 Uhr / 22 Uhr — 11 Uhr / 23 Uhr

2 Verbinde die Uhren, die die gleiche Zeit zeigen. Eine Uhr bleibt übrig.[1]

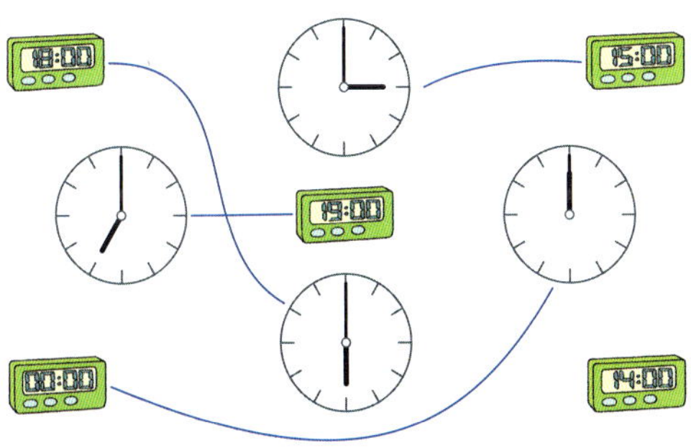

1 Ggf. Lernuhr (Beilage 5) verwenden

Mathetiger Basistraining 2 – Lösungen (Seite 30–33)

Die Uhr – Stunden und Minuten

zu Heft 2, S. 18
zu Buch, S. 48

1 Setze die fehlenden Wörter ein.

~~eine Stunde~~ ~~Minuten~~ ~~Viertelstunde~~ ~~halbe Stunde~~ ~~Stunden~~

Der kurze Zeiger zeigt die Stunden.
Der lange Zeiger zeigt die Minuten.
60 Minuten = eine Stunde
30 Minuten = halbe Stunde
15 Minuten = Viertelstunde

2 Stelle die Uhrzeiten an der Lernuhr ein. Schreibe sie dann auf.

4.00 Uhr

4.15 Uhr

4.30 Uhr

4.45 Uhr

*

9.00 Uhr

9.15 Uhr

9.30 Uhr

9.45 Uhr

2 Lernuhr (Beilage 5) verwenden
* Beispiellösung: Andere Lösungen sind möglich.

Muster

zu Heft 2, S. 23
zu Buch, S. 52

Setze die Muster fort.

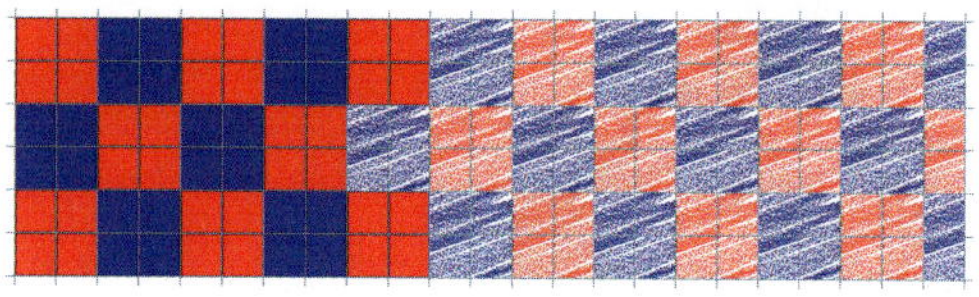

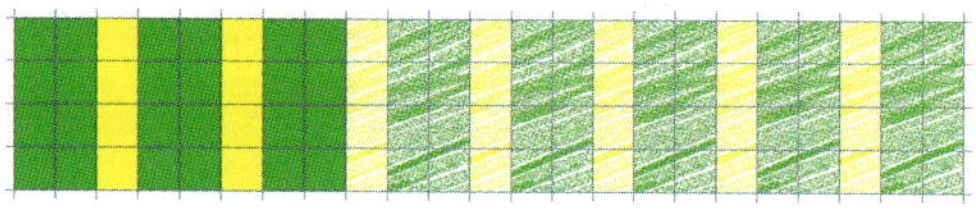

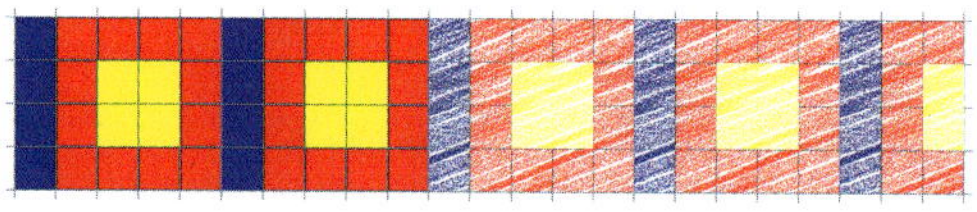

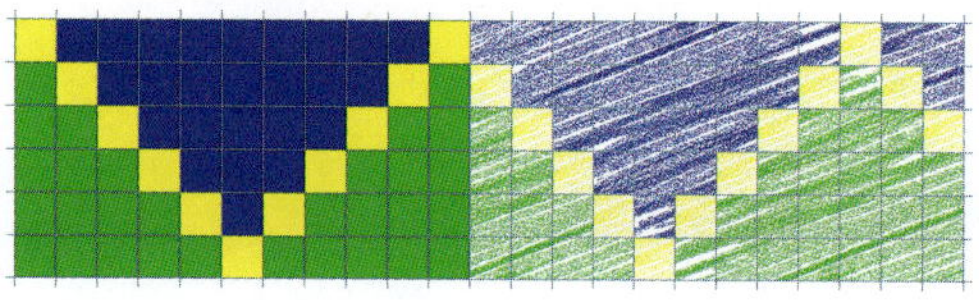

Plus- und Malaufgaben finden

zu Heft 2, S. 24
zu Buch, S. 53

Schreibe zu jedem Bild eine Plusaufgabe und eine Malaufgabe und löse sie.

2 + 2 + 2 = 6
3 · 2 = 6

3 + 3 + 3 + 3 = 12
4 · 3 = 12

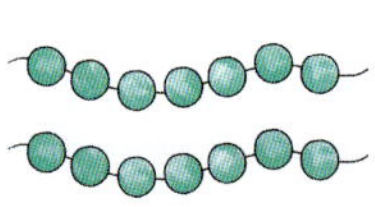

7 + 7 = 14
2 · 7 = 14

5 + 5 + 5 = 15
3 · 5 = 15

4 + 4 + 4 + 4 = 16
4 · 4 = 16

6 + 6 + 6 + 6 = 24
4 · 6 = 24

Plus- und Malaufgaben

zu Heft 2, S. 25
zu Buch, S. 54

Schreibe zu jedem Bild eine Plusaufgabe und eine Malaufgabe und löse sie.

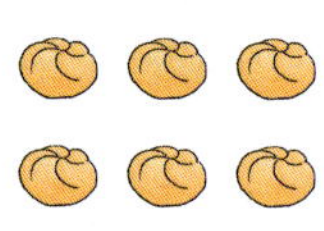

3 + 3 = 6
2 · 3 = 6

7 + 7 + 7 + 7 + 7 = 35
5 · 7 = 35

5 + 5 + 5 + 5 = 20
4 · 5 = 20

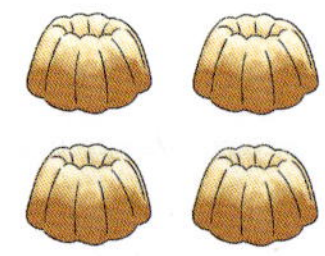

2 + 2 = 4
2 · 2 = 4

3 + 3 + 3 + 3 + 3 = 15
5 · 3 = 15

9 + 9 + 9 = 27
3 · 9 = 27

Plus- und Malaufgaben

zu Heft 2, S. 25
zu Buch, S. 54

1 Schreibe zu jedem Bild eine Plusaufgabe und eine Malaufgabe und löse sie.

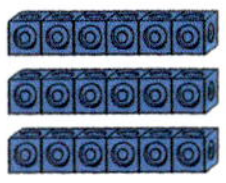

6 + 6 + 6 = 18
3 · 6 = 18

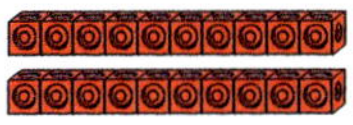

10 + 10 = 20
2 · 10 = 20

2 Lege mit Steckwürfeln und male. Schreibe die Malaufgabe und löse sie.

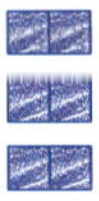

2 + 2 + 2 = 6
3 · 2 = 6

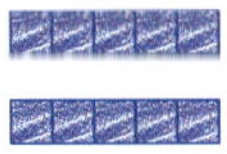

5 + 5 = 10
2 · 5 = 10

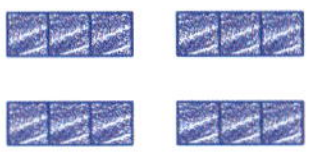

3 + 3 + 3 + 3 = 12
4 · 3 = 12

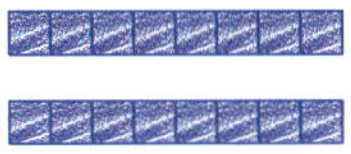

8 + 8 = 16
2 · 8 = 16

2 Steckwürfel verwenden

Zu Punktebildern Tauschaufgaben finden

zu Heft 2, S. 26
zu Buch, S. 55

Schreibe zu jedem Bild eine Malaufgabe und ihre Tauschaufgabe und löse sie.

3 · 5 = 15
5 · 3 = 15

2 · 8 = 16
8 · 2 = 16

6 · 2 = 12
2 · 6 = 12

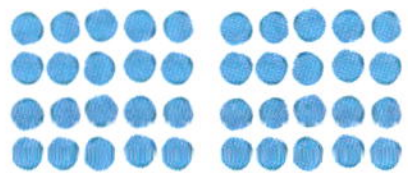

4 · 10 = 40
10 · 4 = 40

5 · 4 = 20
4 · 5 = 20

3 · 3 = 9
3 · 3 = 9

Einmaleins mit 10

zu Heft 2, S. 28
zu Buch, S. 56

1 Lege nach. Schreibe zu jedem Bild eine Plus- und eine Malaufgabe mit 10 und löse sie.

10 + 10 + 10 = 30
3 · 10 = 30

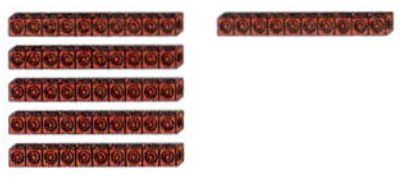

10 + 10 + 10 + 10 + 10 + 10 = 60
6 · 10 = 60

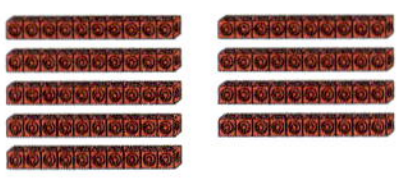

10 + 10 + 10 + 10 + 10+ 10 + 10 + 10 + 10 = 90
9 · 10 = 90

2 Lege jede Aufgabe nach und löse sie.

1 · 10 = 10	6 · 10 = 60
2 · 10 = 20	7 · 10 = 70
3 · 10 = 30	8 · 10 = 80
4 · 10 = 40	9 · 10 = 90
5 · 10 = 50	10 · 10 = 100

3 Schreibe die 10er-Reihe auf.

10, 20, 30, 40, 50, 60, 70, 80, 90, 100

1, 2 Steckwürfel oder Zehner (Beilage 1) verwenden

Einmaleins mit 5

zu Heft 2, S. 29
zu Buch, S. 57

1 Lege nach. Schreibe zu jedem Bild eine Plus- und eine Malaufgabe mit 5 und löse sie.

5 + 5 = 10
2 · 5 = 10

5 + 5 + 5 + 5 + 5 = 25
5 · 5 = 25

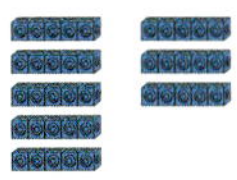

5 + 5 + 5 + 5 + 5 + 5 + 5 + 5 = 40
8 · 5 = 40

2 Lege jede Aufgabe nach und löse sie.

1 · 5 = 5	6 · 5 = 30
2 · 5 = 10	7 · 5 = 35
3 · 5 = 15	8 · 5 = 40
4 · 5 = 20	9 · 5 = 45
5 · 5 = 25	10 · 5 = 50

3 Schreibe die 5er-Reihe auf.

5, 10, 15, 20, 25, 30, 35, 40, 45, 50

1, 2 Steckwürfel verwenden

Einmaleins mit 2

zu Heft 2, S. 30
zu Buch, S. 58

1 Lege nach. Schreibe zu jedem Bild eine Plus- und eine Malaufgabe mit 2 und löse sie.

2 + 2 + 2 + 2 = 8
4 · 2 = 8

2 + 2 + 2 + 2 + 2 + 2 = 12
6 · 2 = 12

2 + 2 + 2 + 2 + 2 + 2 + 2 + 2 + 2 + 2 = 20
10 · 2 = 20

2 Lege jede Aufgabe nach und löse sie.

1 · 2 = 2	6 · 2 = 12
2 · 2 = 4	7 · 2 = 14
3 · 2 = 6	8 · 2 = 16
4 · 2 = 8	9 · 2 = 18
5 · 2 = 10	10 · 2 = 20

3 Schreibe die 2er-Reihe auf.

2, 4, 6, 8, 10, 12, 14, 16, 18, 20

1,2 Steckwürfel verwenden

Unser Geld – Euro und Cent

zu Heft 2, S. 32
zu Buch, S. 60

1 Wechsle das Geld in 10-€-Scheine. Zeichne.

10 10

10 10 10 10 10 10 10 10 10 10

2 Wechsle das Geld in 10-ct-Münzen. Zeichne.

10 10 10 10 10

10 10 10 10 10 10 10 10 10 10

3 Wie viel Geld ist es? Schreibe eine Plusaufgabe auf.

*

10 ct + 20 ct + 5 ct = 35 ct

20 ct + 20 ct + 6 ct = 46 ct

20 € + 1 € + 4 € = 25 €

65 € + 2 € = 67 €

1–3 Ggf. Spielgeld (Beilagen 2 und 3) verwenden
* Beispiellösung: Andere Lösungswege sind möglich.

Rechnen mit Geld

zu Heft 2, S. 33
zu Buch, S. 61

Schreibe Lösungsweg (L) und Antwort (A) auf.

Mia kauft Luftschlangen für 70 ct und einen Luftballon für 20 ct.

F: Wie viel Cent muss sie bezahlen?

* L: 50 20 20

70 ct + 20 ct = 90 ct

A: Sie muss 90 ct bezahlen.

Paul kauft einen Hut für 12 € und eine Brille für 5 €.

F: Wie viel Euro muss er bezahlen?

L: 10 2 5

12 € + 5 € = 17 €

A: Er muss 17 € bezahlen.

Lea kauft einen Umhang für 15 € und eine Nase für 3 €.

F: Wie viel Euro muss sie bezahlen?

* L: 10 5 2 1

15 € + 3 € = 18 €

A: Sie muss 18 € bezahlen.

Amar kauft eine Brille für 5 € und einen Umhang für 15 €.

F: Wie viel Euro muss er bezahlen?

L: 5 10 5

5 € + 15 € = 20 €

A: Er muss 20 € bezahlen.

Ggf. Spielgeld (Beilagen 2 und 3) verwenden
* Beispiellösung: Andere Lösungswege sind möglich.

Figuren und Formen am Geobrett

zu Heft 2, S. 36
zu Buch, S. 64

1 Spanne die Rechtecke auf einem Geobrett nach. Zeichne sie dann in das freie Feld.

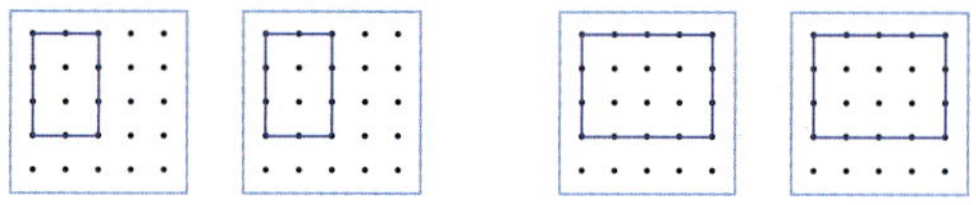

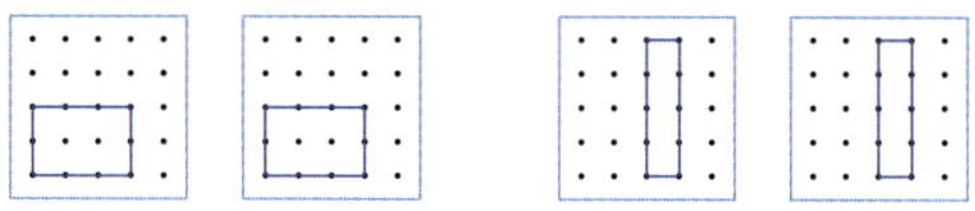

2 Spanne die Dreiecke auf einem Geobrett nach. Zeichne sie dann in das freie Feld.

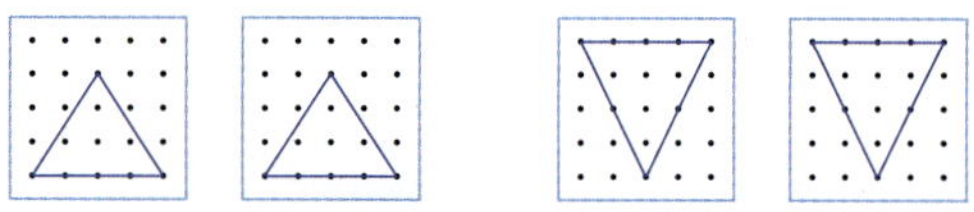

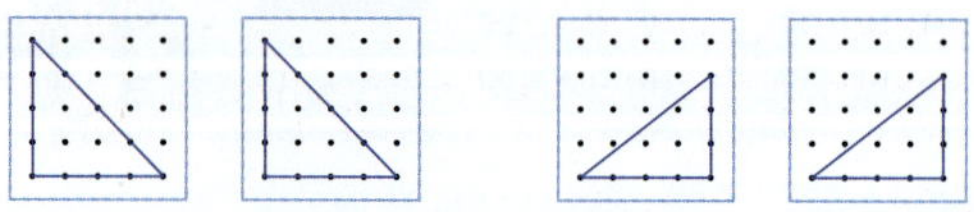

1,2 Geobrett und Gummiringe verwenden

Einmaleins mit 4

zu Heft 3, S. 5
zu Buch, S. 69

1 Lege nach. Schreibe zu jedem Bild eine Plus- und eine Malaufgabe mit 4 und löse sie.

4 + 4 = 8
2 · 4 = 8

4 + 4 + 4 + 4 + 4 = 20
5 · 4 = 20

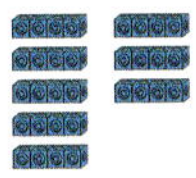

4 + 4 + 4 + 4 + 4 + 4 + 4 + 4 = 32
8 · 4 = 32

2 Lege jede Aufgabe nach und löse sie.

1 · 4 = 4	6 · 4 = 24
2 · 4 = 8	7 · 4 = 28
3 · 4 = 12	8 · 4 = 32
4 · 4 = 16	9 · 4 = 36
5 · 4 = 20	10 · 4 = 40

3 Schreibe die 4er-Reihe auf.

4, 8, 12, 16, 20, 24, 28, 32, 36, 40

Einmaleins mit 8

zu Heft 3, S. 6
zu Buch, S. 70

1 Lege nach. Schreibe zu jedem Bild eine Plus- und eine Malaufgabe mit 8 und löse sie.

8 + 8 = 16
2 · 8 = 16

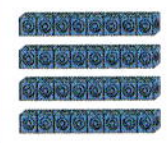

8 + 8 + 8 + 8 = 32
4 · 8 = 32

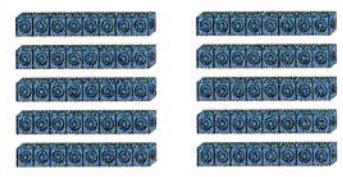

8 + 8 + 8 + 8 + 8 + 8 + 8 + 8 + 8 + 8 = 80
10 · 8 = 80

2 Lege jede Aufgabe nach und löse sie.

1 · 8 = 8	6 · 8 = 48
2 · 8 = 16	7 · 8 = 56
3 · 8 = 24	8 · 8 = 64
4 · 8 = 32	9 · 8 = 72
5 · 8 = 40	10 · 8 = 80

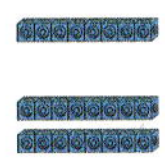

3 Male die Zahlen der 8er-Reihe an.

4	7	**8**	10	12	15	**16**	18	20	23	**24**	27	28	31	**32**	34
40	44	45	**48**	49	51	54	**56**	63	**64**	68	**72**	74	76	78	**80**

Einmaleins mit 2, 4 und 8

zu Heft 3, S. 7
zu Buch, S. 71

1 Ergänze die 2er-, 4er- und 8er-Reihe. Verbinde dann die gleichen Zahlen.

2er-Reihe:	2	4	6	8	10	12	14	16	18	20
4er-Reihe:	4	8	12	16	20	24	28	32	36	40
8er-Reihe:	8	16	24	32	40	48	56	64	72	80

2 Schreibe alle Zahlen auf, die in der 2er- und 4er-Reihe vorkommen:

4, 8, 12, 16, 20

3 Schreibe alle Zahlen auf, die in der 4er- und 8er-Reihe vorkommen:

8, 16, 24, 32, 40

4 Schreibe alle Zahlen auf, die in der 2er-, 4er- und 8er-Reihe vorkommen:

8, 16

5 Löse die Kernaufgaben.

1 · 2 = 2	1 · 4 = 4	1 · 8 = 8
2 · 2 = 4	2 · 4 = 8	2 · 8 = 16
5 · 2 = 10	5 · 4 = 20	5 · 8 = 40
10 · 2 = 20	10 · 4 = 40	10 · 8 = 80

Rechendreiecke

zu Heft 3, S. 9
zu Buch, S. 72

1 Löse die Mal-Rechendreiecke.

Dreieck 4 / 2 / 5: 4 · 2 = 8; 5 · 4 = 20; 2 · 5 = 10

Dreieck 8 / 1 / 4: 8 · 1 = 8; 4 · 8 = 32; 1 · 4 = 4

Dreieck 1 / 10 / 4: 1 · 10 = 10; 4 · 1 = 4; 10 · 4 = 40

Dreieck 8 / 8 / 5: 8 · 8 = 64; 5 · 8 = 40; 8 · 5 = 40

2 Löse die Mal-Rechendreiecke.

Dreieck 2 / 5 / 5: 10, 10, 25

Dreieck 1 / 1 / 8: 1, 8, 8

Dreieck 10 / 4 / 5: 40, 50, 20

Dreieck 5 / 10 / 2: 50, 10, 20

Dreieck 4 / 8 / 2: 32, 8, 16

Dreieck 8 / 5 / 10: 40, 80, 50

Mathetiger Basistraining 2 – Lösungen (Seite 46–49)

Daten sammeln und darstellen

zu Heft 3, S. 10
zu Buch, S. 73

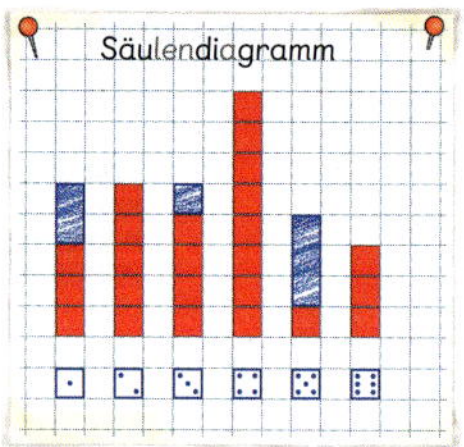

Max hat 24-mal gewürfelt und ein Säulendiagramm gezeichnet.

1 Wie oft hat Max jede Zahl gewürfelt?

⚀ 3-mal   ⚃ 8-mal
⚁ 5-mal   ⚄ 1-mal
⚂ 4-mal   ⚅ 3-mal

2 Welche Zahl hat Max am häufigsten gewürfelt? 4

Welche Zahl hat Max am seltensten gewürfelt? 5

Welche Zahlen hat Max gleich oft gewürfelt? 1 und 6

3 Max würfelt noch 6-mal:

2-mal eine ⚀, 1-mal eine ⚂ und 3-mal eine ⚄.

Ergänze das Säulendiagramm.

Welche Zahl hat Max jetzt am seltensten gewürfelt? 6

In Mustern Rechenaufgaben entdecken

zu Heft 3, S. 13
zu Buch, S. 74

1 Finde zu jedem Muster eine Malaufgabe und eine Plusaufgabe. *

4 + 4 = 8
2 · 4 = 8

5 + 5 + 5 + 5 = 20
4 · 5 = 20

3 + 3 + 3 + 3 + 3 + 3 = 18
6 · 3 = 18

4 + 4 + 4 + 4 + 4 + 4 + 4 = 28
7 · 4 = 28

2 Zeichne ein Muster. Finde Plus- und Malaufgaben dazu. **

* Beispiellösung: Andere Lösungen sind möglich.
** Individuelle Lösung

Aufteilen

zu Heft 3, S. 15
zu Buch, S. 76

Finde einen Lösungsweg (L) mit Zeichnung und Geteiltaufgabe.
Ergänze die Antwort (A).

1 18 Orangen, immer 3 auf einen Teller.

F: Wie viele Teller braucht man?

L:

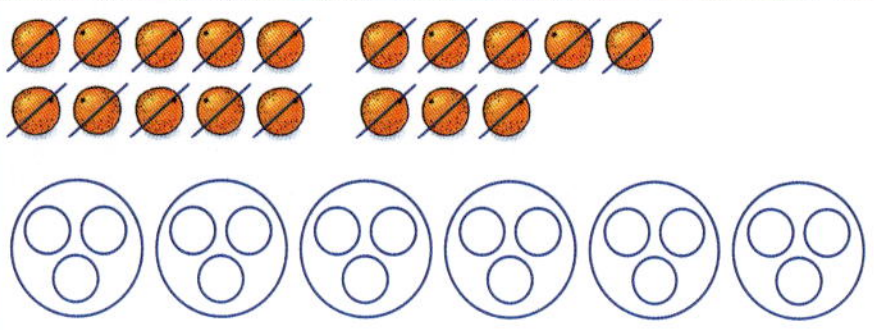

18 : 3 = 6

A: Man braucht 6 Teller.

2 30 Eier, immer 6 auf einen Teller.

F: Wie viele Teller braucht man?

L:

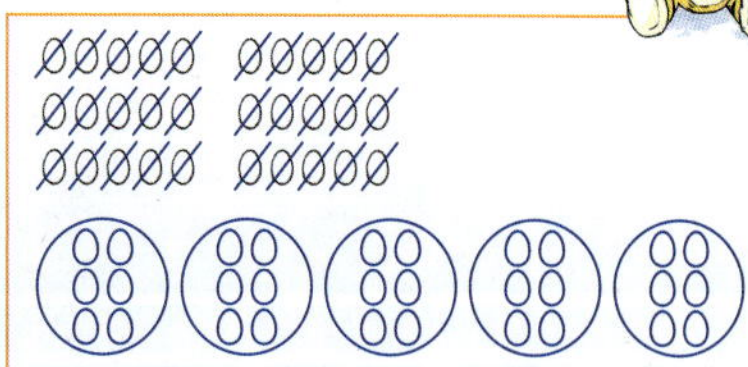

30 : 6 = 5

A: Man braucht 5 Teller.

1,2 Ggf. mit Steckwürfeln nachspielen

Umkehraufgaben

zu Heft 3, S. 16
zu Buch, S. 77

1 Löse die Geteiltaufgabe und schreibe die Umkehraufgabe auf.
Das Punktebild hilft dir.

18 : 6 = 3
3 · 6 = 18

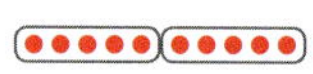

10 : 5 = 2
2 · 5 = 10

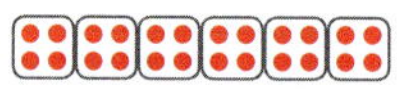

24 : 4 = 6
6 · 4 = 24

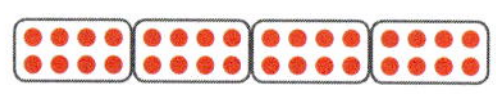

32 : 8 = 4
4 · 8 = 32

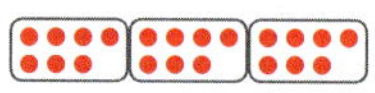

21 : 7 = 3
3 · 7 = 21

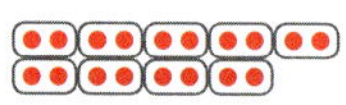

18 : 2 = 9
9 · 2 = 18

2 Zeichne zu der Geteiltaufgabe das Punktebild fertig und löse sie.
Schreibe die Umkehraufgabe auf.

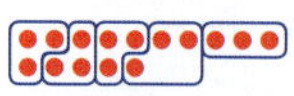

15 : 3 = 5
5 · 3 = 15

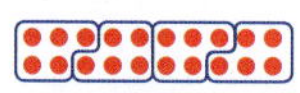

20 : 5 = 4
4 · 5 = 20

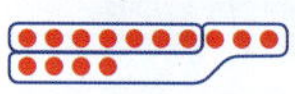

14 : 7 = 2
2 · 7 = 14

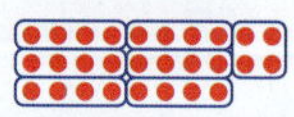

28 : 4 = 7
7 · 4 = 28

Mathetiger Basistraining 2 – Lösungen (Seite 50–53)

Verteilen

zu Heft 3, S. 17
zu Buch, S. 78

Finde einen Lösungsweg (L) mit Zeichnung und Geteiltaufgabe.
Ergänze die Antwort (A).

1 Verteile 15 Kekse auf 5 Teller.

F: Wie viele Kekse kommen auf jeden Teller?

L:

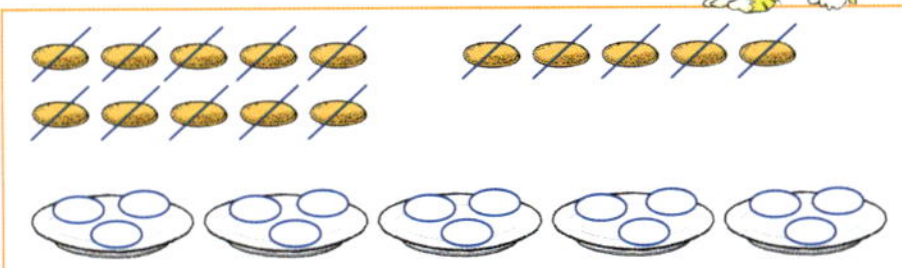

15 : 5 = 3

A: Auf jeden Teller kommen 3 Kekse.

2 Verteile 32 Bonbons auf 4 Teller.

F: Wie viele Bonbons kommen auf jeden Teller?

L:

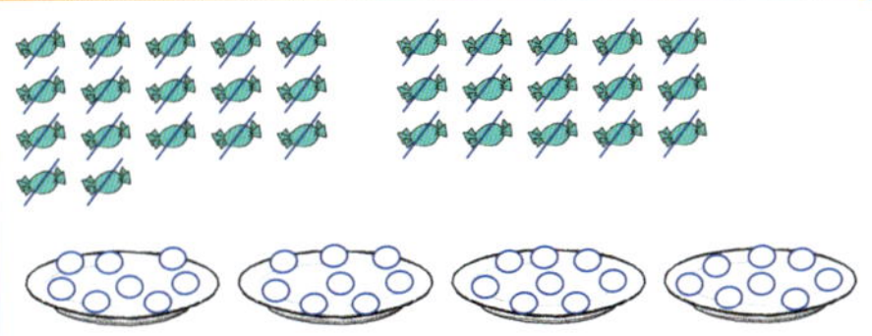

32 : 4 = 8

A: Auf jeden Teller kommen 8 Bonbons.

1,2 Ggf. mit Steckwürfeln nachspielen

Zahlenrätsel – Mal und geteilt

zu Heft 3, S. 19
zu Buch, S. 79

multiplizieren	mal	·
dividieren	geteilt durch	:

1 Löse die Zahlenrätsel mit Hilfe der Pfeilbilder.

Mia denkt sich eine Zahl. Sie multipliziert sie mit 5 und erhält 20.

4 —·5→ 20; 20 —:5→ 4

gedachte Zahl: 4

Finn denkt sich eine Zahl. Er dividiert sie durch 2 und erhält 6.

12 —:2→ 6; 6 —·2→ 12

gedachte Zahl: 12

Ben denkt sich eine Zahl. Er multipliziert sie mit 4 und erhält 24.

6 —·4→ 24; 24 —:4→ 6

gedachte Zahl: 6

Jule denkt sich eine Zahl. Sie dividiert sie durch 8 und erhält 4.

32 —:8→ 4; 4 —·8→ 32

gedachte Zahl: 32

2 Löse die Pfeilbilder.

7 —·2→ 14; 14 —:2→ 7

45 —:5→ 9; 9 —·5→ 45

10 —·10→ 100; 100 —:10→ 10

Einmaleins mit 3

zu Heft 3, S. 24
zu Buch, S. 83

1 Lege nach. Schreibe zu jedem Bild eine Plus- und eine Malaufgabe mit 3 und löse sie.

3 + 3 + 3 = 9
3 · 3 = 9

3 + 3 + 3 + 3 = 12
4 · 3 = 12

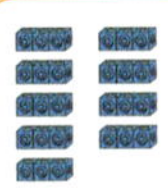

3 + 3 + 3 + 3 + 3 + 3 + 3 + 3 + 3 = 27
9 · 3 = 27

2 Lege jede Aufgabe nach und löse sie.

1 · 3 = 3	6 · 3 = 18
2 · 3 = 6	7 · 3 = 21
3 · 3 = 9	8 · 3 = 24
4 · 3 = 12	9 · 3 = 27
5 · 3 = 15	10 · 3 = 30

3 Male die Zahlen der 3er-Reihe an.

1	3	4	6	9	11	12	13	15	18	19	21	23	24	26	27	30

1,2 Steckwürfel verwenden

Einmaleins mit 6

zu Heft 3, S. 25
zu Buch, S. 84

1 Lege nach und male.
Schreibe die Malaufgabe mit 6 auf und löse sie.

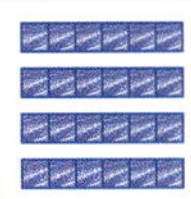

6 + 6 + 6 + 6 = 24
4 · 6 = 24

6 + 6 + 6 + 6 + 6 = 30
5 · 6 = 30

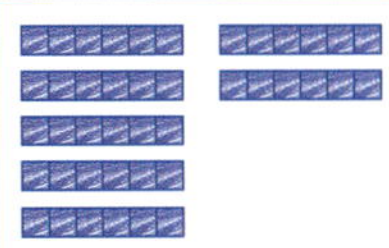

6 + 6 + 6 + 6 + 6 + 6 + 6 = 42
7 · 6 = 42

2 Lege jede Aufgabe nach und löse sie.

1 · 6 = 6	6 · 6 = 36
2 · 6 = 12	7 · 6 = 42
3 · 6 = 18	8 · 6 = 48
4 · 6 = 24	9 · 6 = 54
5 · 6 = 30	10 · 6 = 60

3 Schreibe die 6er-Reihe auf.

6, 12, 18, 24, 30, 36, 42, 48, 54, 60

1,2 Steckwürfel verwenden

Einmaleins mit 9

zu Heft 3, S. 26
zu Buch, S. 85

1 Lege nach. Schreibe zu jedem Bild eine Plus- und eine Malaufgabe mit 9 und löse sie.

9 + 9 = 18
2 · 9 = 18

9 + 9 + 9 = 27
3 · 9 = 27

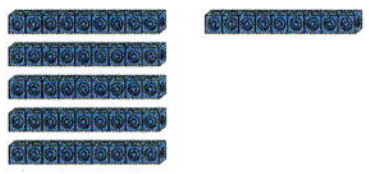

9 + 9 + 9 + 9 + 9 + 9 = 54
6 · 9 = 54

2 Lege jede Aufgabe nach und löse sie.

1 · 9 = 9	6 · 9 = 54
2 · 9 = 18	7 · 9 = 63
3 · 9 = 27	8 · 9 = 72
4 · 9 = 36	9 · 9 = 81
5 · 9 = 45	10 · 9 = 90

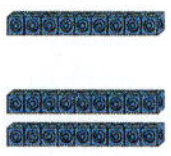

3 Male die Zahlen der 9er-Reihe an.

1	3	9	18	19	20	25	27	36	39	40	43	45
50	51	54	63	66	70	71	72	81	85	88	89	90

1, 2 Steckwürfel verwenden

Einmaleins mit 3, 6 und 9

zu Heft 3, S. 27
zu Buch, S. 86

1 Ergänze die 3er-, 6er- und 9er-Reihe.
Male dann die gleichen Zahlen mit derselben Farbe an.

3er-Reihe:	3	6	9	12	15	18	21	24	27	30
6er-Reihe:	6	12	18	24	30	36	42	48	54	60
9er-Reihe:	9	18	27	36	45	54	63	72	81	90

2 Schreibe alle Zahlen auf, die in der 3er- und 6er-Reihe vorkommen:

6, 12, 18, 24, 30

3 Schreibe alle Zahlen auf, die in der 3er- und 9er-Reihe vorkommen:

9, 18, 27

4 Schreibe alle Zahlen auf, die in der 6er- und 9er-Reihe vorkommen:

18, 36, 54

5 Diese Zahl kommt in der 3er-, 6er- und 9er-Reihe vor: 18

6 Löse die Kernaufgaben.

1 · 3 = 3	1 · 6 = 6	1 · 9 = 9
2 · 3 = 6	2 · 6 = 12	2 · 9 = 18
5 · 3 = 15	5 · 6 = 30	5 · 9 = 45
10 · 3 = 30	10 · 6 = 60	10 · 9 = 90

Beim Fußball – Kombinatorik

zu Heft 3, S. 29
zu Buch, S. 87

Die F-Jugend des FC Rode hat 2 Hemden und 2 Hosen in verschiedenen Farben.

1 Wie viele verschiedene Möglichkeiten sich anzuziehen gibt es mit der grauen Hose? Male.

Es gibt 2 Möglichkeiten.

2 Wie viele verschiedene Möglichkeiten sich anzuziehen gibt es mit der blauen Hose? Male.

Es gibt 2 Möglichkeiten.

3 Wie viele verschiedene Möglichkeiten gibt es insgesamt? Male.

Es gibt 4 Möglichkeiten.

4 Der FC Rode bekommt noch rote Hemden geschenkt.
Male alle Möglichkeiten mit 3 Hemden und 2 Hosen.

Es gibt 6 Möglichkeiten.

Rechnen mit zweistelligen Zahlen – Plus

zu Heft 3, S. 30
zu Buch, S. 88

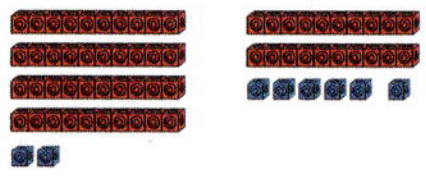

42 + 26 = 68
42 + 20 = 62
62 + 6 = 68

Rechne wie Emma.

42 + 26 = 68	38 + 21 = 59
42 + 20 = 62	38 + 20 = 58
62 + 6 = 68	58 + 1 = 59
51 + 34 = 85	23 + 65 = 88
51 + 30 = 81	23 + 60 = 83
81 + 4 = 85	83 + 5 = 88
74 + 13 = 87	67 + 32 = 99
74 + 10 = 84	67 + 30 = 97
84 + 3 = 87	97 + 2 = 99
31 + 44 = 75	45 + 12 = 57
31 + 40 = 71	45 + 10 = 55
71 + 4 = 75	55 + 2 = 57
72 + 25 = 97	26 + 43 = 69
72 + 20 = 92	26 + 40 = 66
92 + 5 = 97	66 + 3 = 69

Ggf. Steckwürfel verwenden

Rechnen mit zweistelligen Zahlen – Plus

zu Heft 3, S. 31
zu Buch, S. 89

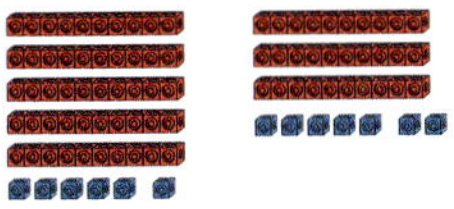

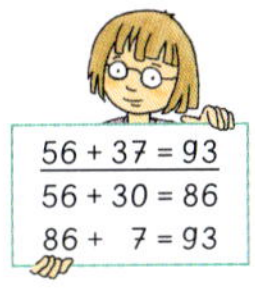

Rechne wie Emma.

56 + 37 = 93
56 + 30 = 86
86 + 7 = 93

28 + 13 = 41
28 + 10 = 38
38 + 3 = 41

39 + 45 = 84
39 + 40 = 79
79 + 5 = 84

64 + 29 = 93
64 + 20 = 84
84 + 9 = 93

43 + 38 = 81
43 + 30 = 73
73 + 8 = 81

16 + 76 = 92
16 + 70 = 86
86 + 6 = 92

29 + 29 = 58
29 + 20 = 49
49 + 9 = 58

55 + 17 = 72
55 + 10 = 65
65 + 7 = 72

18 + 52 = 70
18 + 50 = 68
68 + 2 = 70

49 + 36 = 85
49 + 30 = 79
79 + 6 = 85

Ggf. Steckwürfel verwenden

Rechnen mit zweistelligen Zahlen üben – Plus

zu Heft 3, S. 32
zu Buch, S. 90

1 Löse die Aufgaben. Trage die Buchstaben in das richtige Feld ein.

24 + 17 = 41 u
24 + 10 = 34
34 + 7 = 41

68 + 25 = 93 r
68 + 20 = 88
88 + 5 = 93

56 + 34 = 90 e
56 + 30 = 86
86 + 4 = 90

19 + 16 = 35 s
19 + 10 = 29
29 + 6 = 35

45 + 27 = 72 p
45 + 20 = 65
65 + 7 = 72

Lösung:

Du bist s u p e r !
35 41 72 90 93

2 Schreibe den Lösungsweg (L) auf und ergänze die Antwort (A).

a) In der Klasse 2a sind 22 Kinder, in der Klasse 2b sind 26 Kinder.

F: Wie viele Kinder sind in den Klassen zusammen?

L: 22 + 26 = 48
22 + 20 = 42
42 + 6 = 48

A: In den Klassen sind zusammen 48 Kinder.

b) In die 1. Klasse gehen 18 Kinder, in die 2. Klasse gehen 23 Kinder.

F: Wie viele Kinder gehen in die beiden Klassen zusammen?

L: 18 + 23 = 41
18 + 20 = 38
38 + 3 = 41

A: In die beiden Klassen gehen zusammen 41 Kinder.

1,2 Ggf. Steckwürfel verwenden

Messen und zeichnen

zu Heft 3, S. 35
zu Buch, S. 92

1 Miss Länge und Breite der Rechtecke.

Länge: 5 cm	Länge: 3 cm	Länge: 6 cm
Breite: 3 cm	Breite: 1 cm	Breite: 2 cm

2 Verbinde die Punkte mit dem Lineal zu einem Quadrat.
Miss dann die Länge.

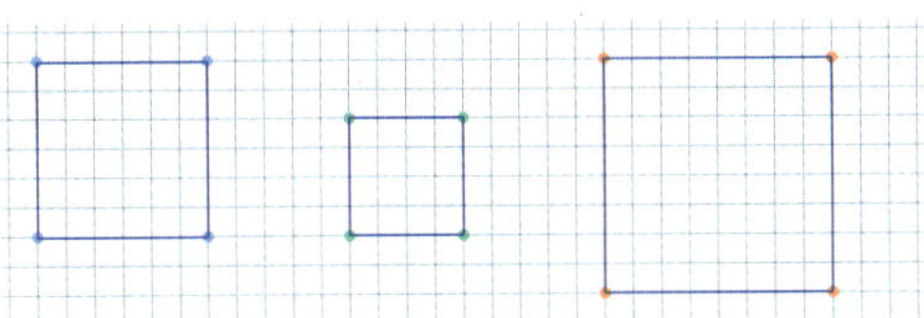

Länge: 3 cm — Länge: 2 cm — Länge: 4 cm

3 Zeichne die Figur mit dem Lineal ab.
Tipp: Übertrage zuerst die Punkte.

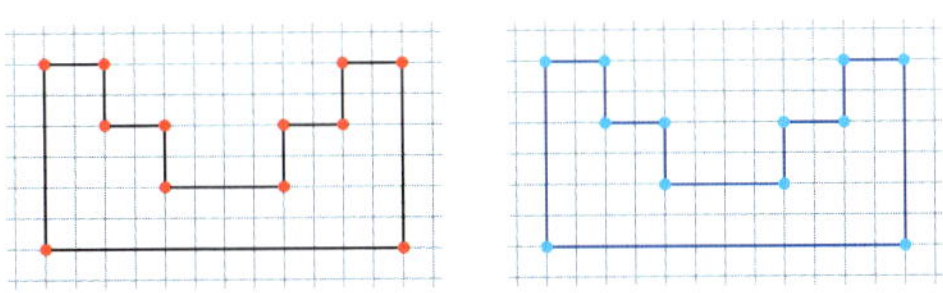

Skizze als Lösungshilfe – Sachrechnen

zu Heft 3, S. 36
zu Buch, S. 93

Welche Skizze passt? Male in der gleichen Farbe an und löse.
Eine Skizze bleibt übrig.

Janas Sonnenblume ist 40 cm hoch.
Antons Sonnenblume ist 10 cm höher.

F: Wie hoch ist Antons Sonnenblume?

L: 40 cm + 10 cm = 50 cm

A: Antons Sonnenblume ist 50 cm hoch.

Malis Sonnenblume ist 60 cm hoch.
Janas Sonnenblume ist 40 cm hoch.

F: Wie viel cm ist Malis Sonnenblume höher?

L: 60 cm – 40 cm = 20 cm

A: Malis Sonnenblume ist 20 cm höher.

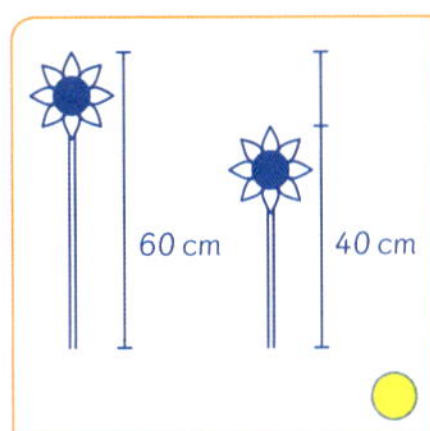

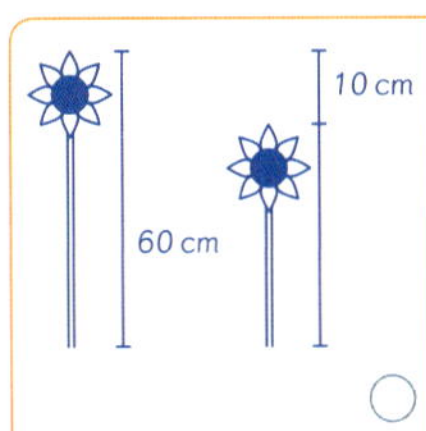

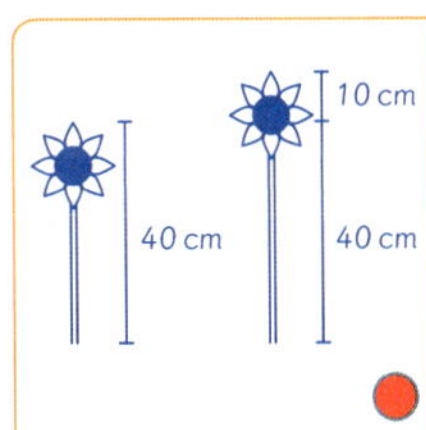

Mathetiger Basistraining 2 – Lösungen (Seite 62–65)

Einmaleins mit 7

zu Heft 4, S. 4
zu Buch, S. 97

1) Lege nach. Schreibe zu jedem Bild eine Plus- und eine Malaufgabe mit 7 und löse sie.

7 + 7 + 7 = 21
3 · 7 = 21

7 + 7 + 7 + 7 = 28
4 · 7 = 28

7 + 7 + 7 + 7 + 7 + 7 = 42
6 · 7 = 42

2) Lege jede Aufgabe nach und löse sie.

1 · 7 = 7	5 · 7 = 35	9 · 7 = 63
2 · 7 = 14	6 · 7 = 42	10 · 7 = 70
3 · 7 = 21	7 · 7 = 49	
4 · 7 = 28	8 · 7 = 56	

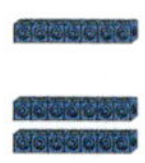

3) Verbinde die Zahlen der 7er-Reihe in der richtigen Reihenfolge. Beginne mit 7.

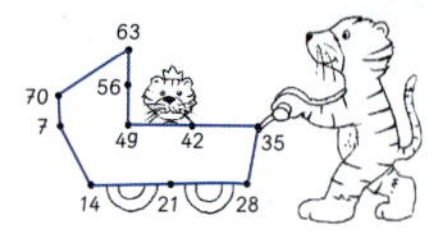

1, 2 Steckwürfel verwenden

Das ganze Einmaleins

zu Heft 4, S. 5
zu Buch, S. 98

1) Löse die Kernaufgaben.
Kontrolliere mit den Einmaleins-Übungskarten.

1 · 3 = 3	1 · 4 = 4	1 · 6 = 6
2 · 3 = 6	2 · 4 = 8	2 · 6 = 12
5 · 3 = 15	5 · 4 = 20	5 · 6 = 30
10 · 3 = 30	10 · 4 = 40	10 · 6 = 60
1 · 7 = 7	1 · 8 = 8	1 · 9 = 9
2 · 7 = 14	2 · 8 = 16	2 · 9 = 18
5 · 7 = 35	5 · 8 = 40	5 · 9 = 45
10 · 7 = 70	10 · 8 = 80	10 · 9 = 90

2) Immer 3 Kärtchen gehören zusammen.
Male sie in der gleichen Farbe an.

10 · 2 8 · 5 4 · 3 2 · 9
8 · 2
2 · 6 5 · 4 3 · 6 7 · 3
9 · 4 4 · 4 3 · 7 6 · 6 4 · 10

12 18 20 40
16 21 36

1 Mit Einmaleins-Übungskarten (Beilage 6) kontrollieren

Flächen vergleichen

zu Heft 4, S. 6
zu Buch, S. 99

1) Welches ist die kleinste Fläche? Lege mit Plättchen aus und schreibe auf.

5 Plättchen

4 Plättchen

7 Plättchen

10 Plättchen

Die kleinste Fläche ist die Fläche B .

2) In 3 Flächen passen genau 5 Plättchen. Male nur diese Flächen an.

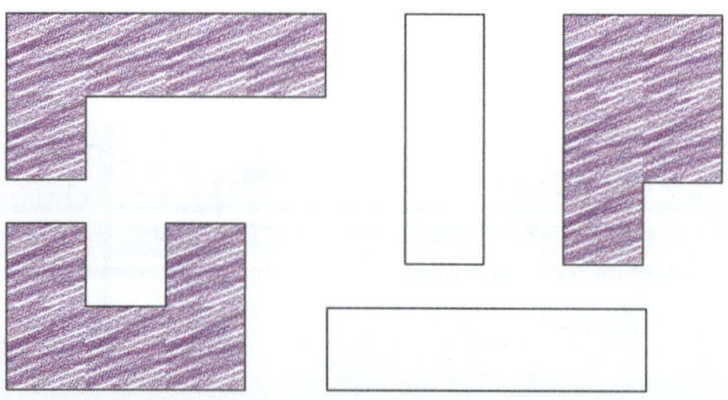

1, 2 Flächen mit Einer-Plättchen (Beilage 1) auslegen

Rechnen mit zweistelligen Zahlen – Minus

zu Heft 4, S. 8
zu Buch, S. 100

Rechne wie Emma.

46 – 31 = 15	67 – 25 = 42
46 – 30 = 16	67 – 20 = 47
16 – 1 = 15	47 – 5 = 42
83 – 42 = 41	59 – 47 = 12
83 – 40 = 43	59 – 40 = 19
43 – 2 = 41	19 – 7 = 12
75 – 53 = 22	98 – 64 = 34
75 – 50 = 25	98 – 60 = 38
25 – 3 = 22	38 – 4 = 34
34 – 24 = 10	86 – 33 = 53
34 – 20 = 14	86 – 30 = 56
14 – 4 = 10	56 – 3 = 53
68 – 62 = 6	99 – 42 = 57
68 – 60 = 8	99 – 40 = 59
8 – 2 = 6	59 – 2 = 57

Ggf. Steckwürfel verwenden

Rechnen mit zweistelligen Zahlen – Minus

zu Heft 4, S. 9
zu Buch, S. 101

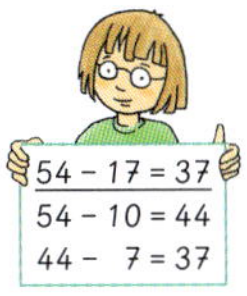

Rechne wie Emma.

54 – 17 = 37
54 – 10 = 44
44 – 7 = 37

43 – 28 = 15
43 – 20 = 23
23 – 8 = 15

61 – 39 = 22
61 – 30 = 31
31 – 9 = 22

85 – 56 = 29
85 – 50 = 35
35 – 6 = 29

92 – 45 = 47
92 – 40 = 52
52 – 5 = 47

76 – 38 = 38
76 – 30 = 46
46 – 8 = 38

78 – 18 = 60
78 – 10 = 68
68 – 8 = 60

53 – 46 = 7
53 – 40 = 13
13 – 6 = 7

64 – 29 = 35
64 – 20 = 44
44 – 9 = 35

100 – 89 = 11
100 – 80 = 20
20 – 9 = 11

Ggf. Steckwürfel verwenden

Rechnen mit zweistelligen Zahlen üben – Minus

zu Heft 4, S. 10
zu Buch, S. 102

1 Löse die Aufgaben. Trage die Buchstaben in das richtige Feld ein.

82 – 16 = 66 m
82 – 10 = 72
72 – 6 = 66

35 – 28 = 7 p
35 – 20 = 15
15 – 8 = 7

73 – 49 = 24 r
73 – 40 = 33
33 – 9 = 24

94 – 17 = 77 a
94 – 10 = 84
84 – 7 = 77

61 – 35 = 26 i
61 – 30 = 31
31 – 5 = 26

Lösung:

Das war p r i m a !
7 24 26 66 77

2 Schreibe den Lösungsweg (L) auf und ergänze die Antwort (A).

a) Am Sonntag waren 64 Besucher im Kino. Am Montag waren es 28 Besucher weniger.

F: Wie viele Besucher waren am Montag im Kino?

L: 64 – 28 = 36
64 – 20 = 44
44 – 8 = 36

A: Am Montag waren 36 Besucher im Kino.

b) Am Freitag waren 72 Besucher in der Bücherei. Am Samstag waren es 37 Besucher weniger.

F: Wie viele Besucher waren am Samstag in der Bücherei?

L: 72 – 37 = 35
72 – 30 = 42
42 – 7 = 35

A: Am Samstag waren 35 Besucher in der Bücherei.

1,2 Ggf. Steckwürfel verwenden

Rechentricks – Plus und minus

zu Heft 4, S. 11
zu Buch, S. 103

Kleine und große Aufgaben

1 Rechne die kleine Aufgabe zuerst. Löse dann die große Aufgabe.

25 + 3 = 28
5 + 3 = 8

37 + 2 = 39
7 + 2 = 9

52 + 6 = 58
2 + 6 = 8

48 – 4 = 44
8 – 4 = 4

79 – 5 = 74
9 – 5 = 4

86 – 3 = 83
6 – 3 = 3

2 Finde die kleine Aufgabe und löse sie zuerst.

61 + 7 = 68
1 + 7 = 8

93 + 4 = 97
3 + 4 = 7

46 + 3 = 49
6 + 3 = 9

58 – 7 = 51
8 – 7 = 1

49 – 2 = 47
9 – 2 = 7

27 – 5 = 22
7 – 5 = 2

Tauschaufgaben

3 Schau dir die Tauschaufgaben genau an.
* Welche Aufgabe findest du leichter? Rechne nur diese.

82 + 6 = 88
6 + 82 = 88

5 + 28 = 33
28 + 5 = 33

69 + 4 = 73
4 + 69 = 73

8 + 36 = 44
36 + 8 = 44

83 + 9 = 92
9 + 83 = 92

7 + 57 = 64
57 + 7 = 64

* Individuelle Lösung

Rechentricks – Mal

zu Heft 4, S. 12
zu Buch, S. 104

Tauschaufgaben

1 Schau dir die Tauschaufgaben genau an.
* Welche Aufgabe findest du leichter? Rechne nur diese.

6 · 2 = 12
2 · 6 = 12

3 · 9 = 27
9 · 3 = 27

8 · 4 = 32
4 · 8 = 32

5 · 7 = 35
7 · 5 = 35

6 · 8 = 48
8 · 6 = 48

9 · 7 = 63
7 · 9 = 63

Nachbaraufgaben

2 Rechne zuerst die mittlere Aufgabe, dann die beiden Nachbaraufgaben.

1 · 7 = ▒ / 2 · 7 = ▒ / 3 · 7 = ▒

1	·	7	=	7
2	·	7	=	14
3	·	7	=	21

1 · 9 = ▒ / 2 · 9 = ▒ / 3 · 9 = ▒

1	·	9	=	9
2	·	9	=	18
3	·	9	=	27

4 · 3 = ▒ / 5 · 3 = ▒ / 6 · 3 = ▒

4	·	3	=	12
5	·	3	=	15
6	·	3	=	18

4 · 8 = ▒ / 5 · 8 = ▒ / 6 · 8 = ▒

4	·	8	=	32
5	·	8	=	40
6	·	8	=	48

3 Rechne zuerst die mittlere Aufgabe, dann die beiden Nachbaraufgaben.

2 · 5 = ▒ | 2 · 6 = ▒ | 2 · 7 = ▒

2 · 5 = 10	2 · 6 = 12	2 · 7 = 14

5 · 8 = ▒ | 5 · 9 = ▒ | 5 · 10 = ▒

5 · 8 = 40	5 · 9 = 45	5 · 10 = 50

2,3 Ggf. Einmaleinstafel (ausklappbare Umschlagseite) verwenden

* Individuelle Lösung

Mathetiger Basistraining 2 – Lösungen (Seite 70–73)

Würfelgebäude – Baupläne und Ansichten

zu Heft 4, S. 14/15
zu Buch, S. 106/107

1 Aus wie vielen Steckwürfeln bestehen die Körper? Zähle geschickt.

A 12 Würfel B 9 Würfel C 20 Würfel

D 18 Würfel E 8 Würfel

2 Ordne den Körpern A bis E die Baupläne zu.
Male sie in der Farbe des passenden Körpers an.

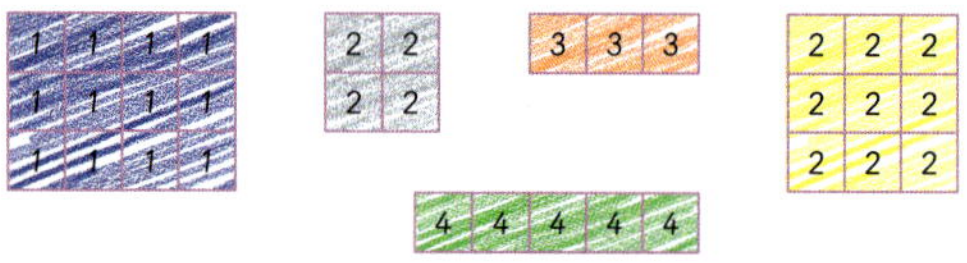

3 Hier siehst du Ansichten der Körper A bis E von rechts.
Male die Ansichten in der Farbe des passenden Körpers an.

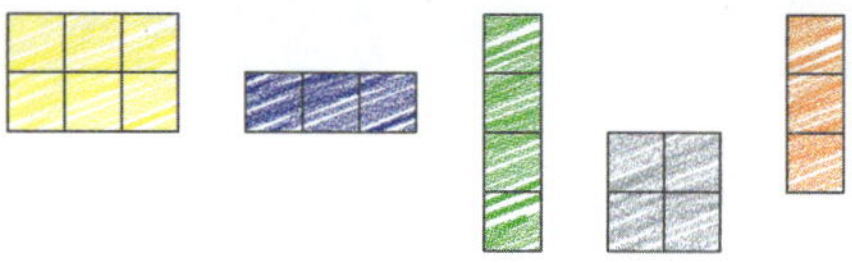

Geteiltaufgaben mit Rest

zu Heft 4, S. 17
zu Buch, S. 108

Finde einen Lösungsweg (L) mit Zeichnung und Geteiltaufgabe.
Ergänze die Antwort (A).

1 Verteile 13 Bälle an 3 Kinder.
F: Wie viele Bälle bekommt jeder? Wie viele bleiben übrig?

L:

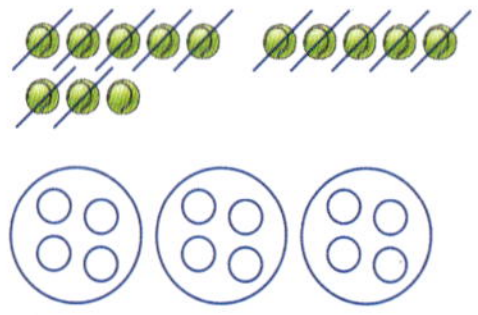

13 : 3 = 4 Rest 1

A: Jedes Kind bekommt 4 Bälle. 1 Ball bleibt übrig.

2 Verteile 20 Äpfel an 6 Kinder.
F: Wie viele Äpfel bekommt jeder? Wie viele bleiben übrig?

L:

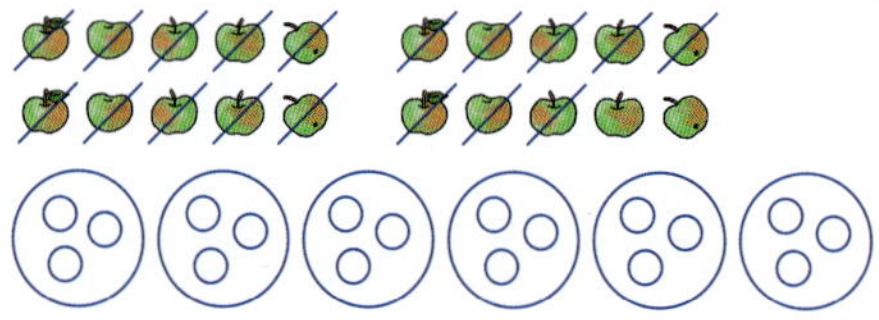

20 : 6 = 3 Rest 2

A: Jedes Kind bekommt 3 Äpfel. 2 Äpfel bleiben übrig.

Geteiltaufgaben mit Rest

zu Heft 4, S. 17
zu Buch, S. 108

1 Vervollständige das Punktebild und löse die Geteiltaufgabe.

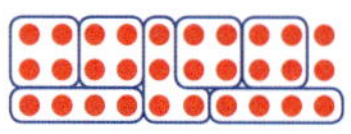

30 : 4 = 7 Rest 2

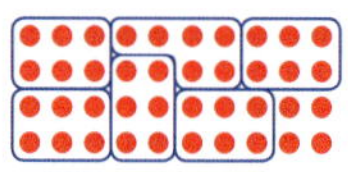

40 : 6 = 6 Rest 4

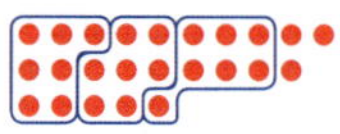

24 : 7 = 3 Rest 3

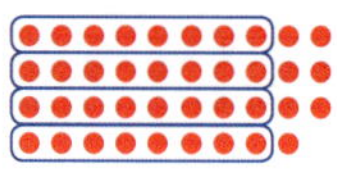

39 : 8 = 4 Rest 7

2 Vervollständige das Punktebild und löse die Geteiltaufgabe.
Kontrolliere mit der Umkehraufgabe.

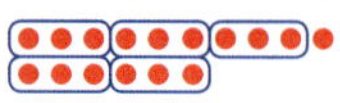

16 : 3 = 5 Rest 1
K: 5 · 3 = 15 15 + 1 = 16

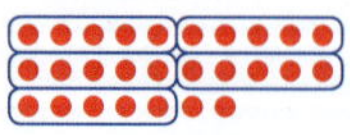

27 : 5 = 5 Rest 2
K: 5 · 5 = 25 25 + 2 = 27

Zeitpunkte – Stunden und Minuten

zu Heft 4, S. 22
zu Buch, S. 112

1 Welche Uhrzeit passt? Kreuze an.

2.00 Uhr ☒
14.00 Uhr ☐

1.00 Uhr ☐
13.00 Uhr ☒

6.00 Uhr ☒
18.00 Uhr ☐

9.15 Uhr ☒
21.15 Uhr ☐

3.45 Uhr ☐
15.45 Uhr ☒

11.30 Uhr ☐
23.30 Uhr ☒

2 Stelle die Uhrzeiten an der Lernuhr ein und schreibe beide Uhrzeiten auf.

2.00 Uhr
14.00 Uhr

2.10 Uhr
14.10 Uhr

2.20 Uhr
14.20 Uhr

2.30 Uhr
14.30 Uhr

2.35 Uhr
14.35 Uhr

2.40 Uhr
14.40 Uhr

2.45 Uhr
14.45 Uhr

2.50 Uhr
14.50 Uhr

2 Lernuhr (Beilage 5) verwenden

Mathetiger Basistraining 2 – Lösungen (Seite 74–77)

Zeitspannen

zu Heft 4, S. 23
zu Buch, S. 113

1 Schreibe die Uhrzeiten auf.
* Schreibe dann auf, wie viele Stunden (h) vergangen sind.

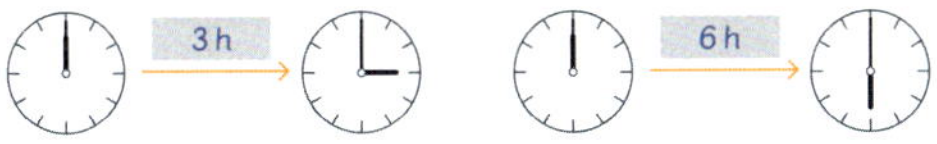

12.00 Uhr → 15.00 Uhr | 12.00 Uhr → 18.00 Uhr

2.00 Uhr → 4.00 Uhr | 6.00 Uhr → 10.00 Uhr

7.00 Uhr → 12.00 Uhr | 11.00 Uhr → 14.00 Uhr

2 Wie spät ist es? Ergänze die Pfeilbilder.
*

1.00 Uhr → 5.00 Uhr | 6.00 Uhr → 8.00 Uhr

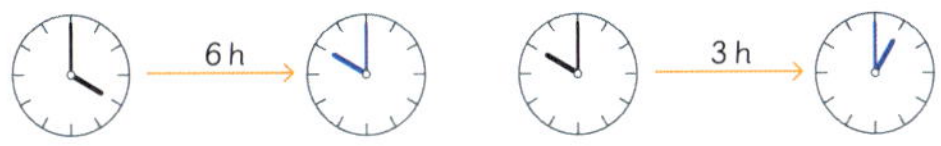

4.00 Uhr → 10.00 Uhr | 10.00 Uhr → 13.00 Uhr

1, 2 Ggf. Lernuhr (Beilage 5) verwenden

* Beispiellösung: Andere Lösungen sind möglich.

Zeitspannen

zu Heft 4, S. 24
zu Buch, S. 114

1 Schreibe auf, wie viele Minuten (min) seit 11 Uhr jeweils vergangen sind.

15 min | 30 min | 45 min

10 min | 20 min | 40 min | 50 min

5 min | 25 min | 35 min | 55 min

2 Schreibe auf, wie viele Minuten (min) bis 2.00 Uhr jeweils vergehen werden.

30 min | 10 min | 20 min | 40 min

15 min | 5 min | 45 min | 55 min

1, 2 Lernuhr (Beilage 5) verwenden

Kombinatorik

zu Heft 4, S. 25
zu Buch, S. 115

1 Mit 2 Steckwürfeln in den Farben Rot und Gelb kann Luis zwei verschiedene 2er-Türme bauen.

Luis nimmt noch einen Steckwürfel in Blau dazu.
Male alle sechs 2er-Türme, die Luis nun bauen kann.
Gehe geschickt vor.

2 Jana möchte ein Geschenk verpacken. Sie hat 3 Schachteln und 3 Schleifen in verschiedenen Farben. Finde alle 9 Möglichkeiten, wie sie das Geschenk verpacken kann. Male.

Im Vergnügungspark – Sachrechnen

zu Heft 4, S. 26/27
zu Buch, S. 116/117

Lies zuerst das Preisschild. Löse dann die Aufgaben.
Schreibe Lösungsweg (L) und Antwort (A) auf.

1 Clara, Susi und Paula fahren mit der Wildwasserbahn.
* F: Wie viel Euro müssen sie bezahlen?
L: 2,50 € + 2,50 € + 2,50 € = 7,50 €
A: Sie müssen 7,50 € bezahlen.

2 Familie Kainz (5 Personen) fährt Riesenrad und Wildwasserbahn.
* F: Wie viel Euro muss die Familie bezahlen?
L: 8,00 € + 10,00 € = 18,00 €
A: Die Familie muss 18,00 € bezahlen.

3 Paul und Lena fahren zuerst Kettenkarussell, danach Riesenrad und zum Schluss noch Achterbahn.
* F: Wie viel Euro kosten die Fahrten insgesamt?
L: 1,20 € + 1,20 € + 2,00 € + 2,00 € + 3,00 € + 3,00 € = 12,40 €
A: Die Fahrten kosten insgesamt 12,40 €.

* Beispiellösung: Andere Lösungswege sind möglich.

Senkrecht und parallel am Geobrett

zu Heft 4, S. 28
zu Buch, S. 118

1 Spanne am Geobrett Linien, die senkrecht zueinander stehen.
Zeichne sie ein. Kennzeichne so: ⦜.
Kontrolliere mit dem Faltwinkel. *

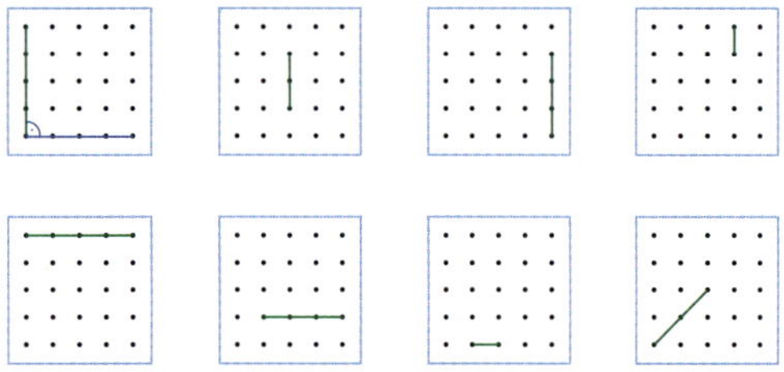

2 Spanne am Geobrett Linien so, dass sie parallel zueinander verlaufen. Zeichne sie ein. *

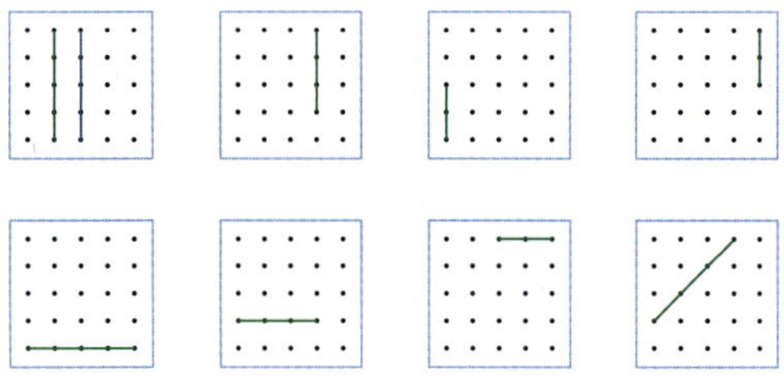

1 Geobrett und Gummiringe verwenden; Faltwinkel basteln; 2 Geobrett und Gummiringe verwenden

* Individuelle Lösung

3 Zahlen – 4 Aufgaben

zu Heft 4, S. 30
zu Buch, S. 120

1 Schreibe 4 Aufgaben.

3, 12, 4
- 3 · 4 = 12
- 4 · 3 = 12
- 12 : 4 = 3
- 12 : 3 = 4

2, 16, 8
- 2 · 8 = 16
- 8 · 2 = 16
- 16 : 8 = 2
- 16 : 2 = 8

5, 30, 6
- 5 · 6 = 30
- 6 · 5 = 30
- 30 : 6 = 5
- 30 : 5 = 6

7, 63, 9
- 7 · 9 = 63
- 9 · 7 = 63
- 63 : 9 = 7
- 63 : 7 = 9

2 Schreibe 4 Aufgaben.

2, 14, 7
- 2 · 7 = 14
- 7 · 2 = 14
- 14 : 7 = 2
- 14 : 2 = 7

5, 50, 10
- 5 · 10 = 50
- 10 · 5 = 50
- 50 : 10 = 5
- 50 : 5 = 10

8, 24, 3
- 8 · 3 = 24
- 3 · 8 = 24
- 24 : 3 = 8
- 24 : 8 = 3

9, 36, 4
- 9 · 4 = 36
- 4 · 9 = 36
- 36 : 4 = 9
- 36 : 9 = 4

Mal- und Geteiltaufgaben üben

Rechne. Male die Felder im Bild unten mit den angegebenen Farben an.

2 · 6 = 12	5 · 6 = 30	6 · 4 = 24
2 · 7 = 14	5 · 8 = 40	6 · 9 = 54
2 · 8 = 16	5 · 9 = 45	9 · 3 = 27
2 · 9 = 18	5 · 5 = 25	4 · 7 = 28
2 · 10 = 20	5 · 7 = 35	8 · 8 = 64
7 · 6 = 42	15 : 3 = 5	50 : 5 = 10
6 · 8 = 48	27 : 3 = 9	20 : 5 = 4
4 · 9 = 36	18 : 3 = 6	5 : 5 = 1
8 · 4 = 32	14 : 2 = 7	12 : 6 = 2
9 · 9 = 81	6 : 2 = 3	48 : 6 = 8

Figuren und Formen am Geobrett

zu Heft 2, S. 36
zu Buch, S. 64

1 Spanne die Rechtecke auf einem Geobrett nach.
Zeichne sie dann in das freie Feld.

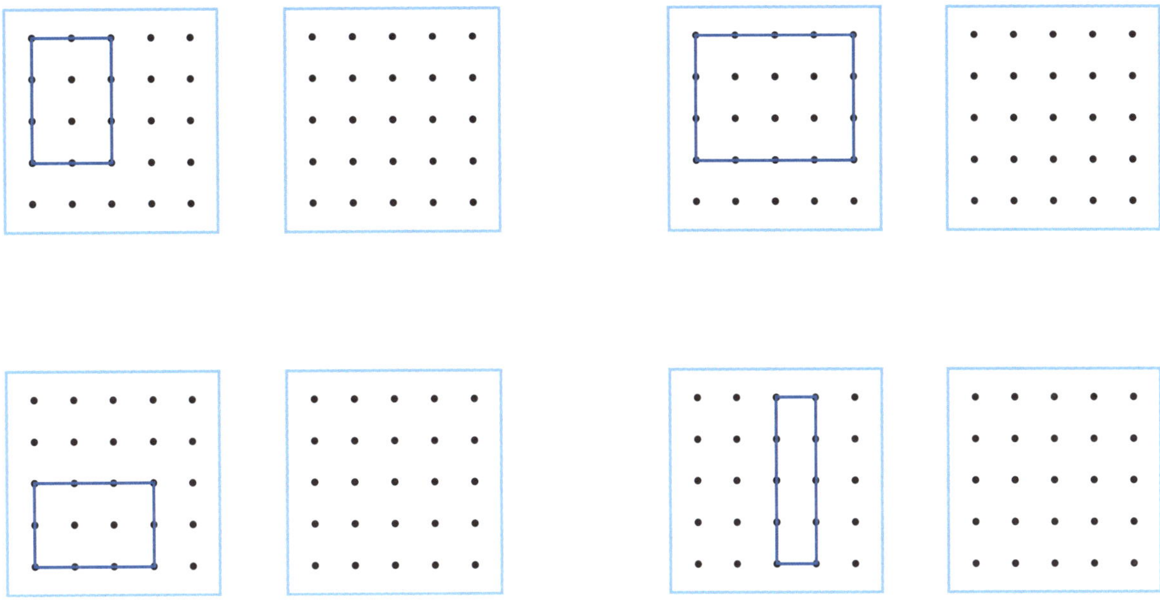

2 Spanne die Dreiecke auf einem Geobrett nach.
Zeichne sie dann in das freie Feld.

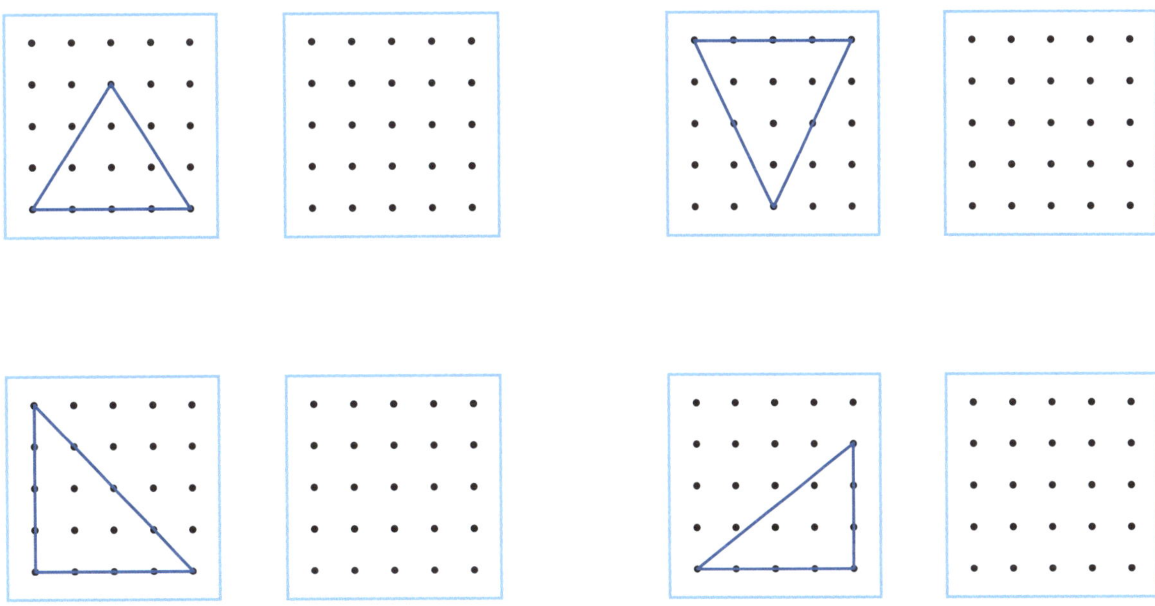

Einmaleins mit 4

zu Heft 3, S. 5
zu Buch, S. 69

1 Lege nach. Schreibe zu jedem Bild eine Plus- und eine Malaufgabe mit 4 und löse sie.

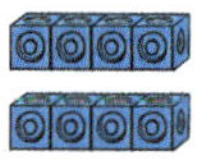

4 + 4 = ______

2 · 4 = ______

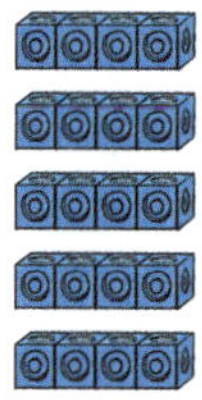

______

______

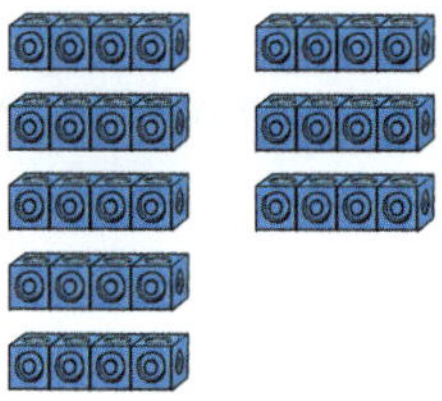

______

______

2 Lege jede Aufgabe nach und löse sie.

1 · 4 = ☐	6 · 4 = ☐
2 · 4 = ☐	7 · 4 = ☐
3 · 4 = ☐	8 · 4 = ☐
4 · 4 = ☐	9 · 4 = ☐
5 · 4 = ☐	10 · 4 = ☐

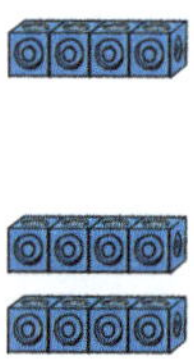

3 Schreibe die 4er-Reihe auf.

4, 8, ______

Einmaleins mit 8

zu Heft 3, S. 6
zu Buch, S. 70

1 Lege nach. Schreibe zu jedem Bild eine Plus- und eine Malaufgabe mit 8 und löse sie.

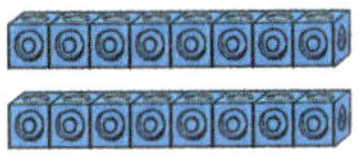

8 + 8 =

2 · 8 =

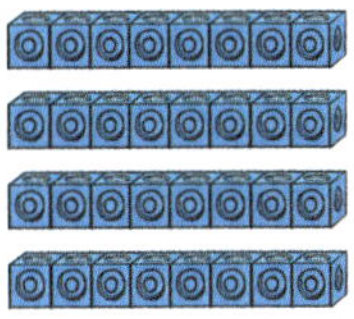

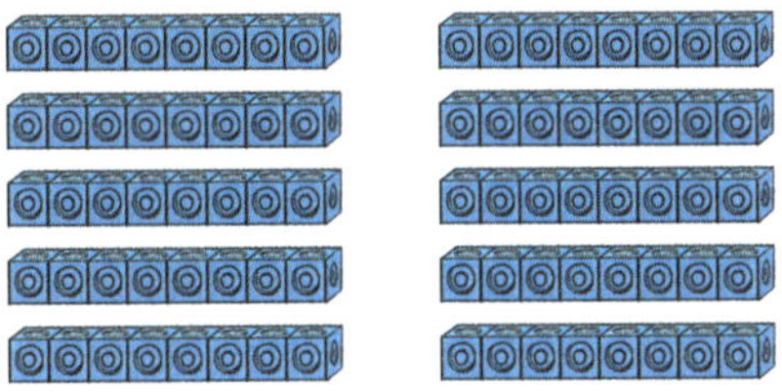

2 Lege jede Aufgabe nach und löse sie.

1 · 8 =
2 · 8 =
3 · 8 =
4 · 8 =
5 · 8 =

6 · 8 =
7 · 8 =
8 · 8 =
9 · 8 =
10 · 8 =

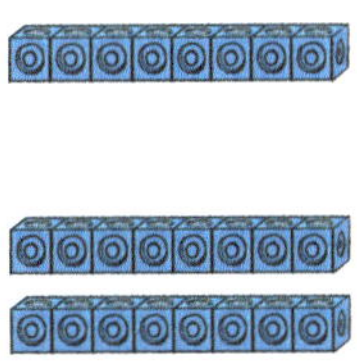

3 Male die Zahlen der 8er-Reihe an.

4	7	8	10	12	15	16	18	20	23	24	27	28	31	32	34
40	44	45	48	49	51	54	56	63	64	68	72	74	76	78	80

1, 2 Steckwürfel verwenden

zu Heft 3, S. 7
zu Buch, S. 71

1 Ergänze die 2er-, 4er- und 8er-Reihe.
Verbinde dann die gleichen Zahlen.

2er-Reihe:	2	4	6	8						20
4er-Reihe:	4	8								40
8er-Reihe:	8									80

2 Schreibe alle Zahlen auf, die in der 2er- und 4er-Reihe vorkommen:

4, 8, ___, ___, ___

3 Schreibe alle Zahlen auf, die in der 4er- und 8er-Reihe vorkommen:

8, ___, ___, ___, ___

4 Schreibe alle Zahlen auf, die in der 2er-, 4er- und 8er-Reihe vorkommen:

8, ___

5 Löse die Kernaufgaben.

$1 \cdot 2 =$ ☐	$1 \cdot 4 =$ ☐	$1 \cdot 8 =$ ☐
$2 \cdot 2 =$ ☐	$2 \cdot 4 =$ ☐	$2 \cdot 8 =$ ☐
$5 \cdot 2 =$ ☐	$5 \cdot 4 =$ ☐	$5 \cdot 8 =$ ☐
$10 \cdot 2 =$ ☐	$10 \cdot 4 =$ ☐	$10 \cdot 8 =$ ☐

1 Löse die Mal-Rechendreiecke.

Dreieck oben: 4, unten: 2, 5

4 · 2 = 8
5 · 4 =
2 · 5 =

Dreieck oben: 8, unten: 1, 4

8 · 1 =
4 · 8 =
1 · 4 =

Dreieck oben: 1, unten: 10, 4

1 · 10 =
4 · 1 =
10 · 4 =

Dreieck oben: 8, unten: 8, 5

8 · 8 =
5 · 8 =
8 · 5 =

2 Löse die Mal-Rechendreiecke.

Dreieck oben: 2, unten: 5, 5

Dreieck oben: 1, unten: 1, 8

Dreieck oben: 10, unten: 4, 5

Dreieck oben: 5, unten: 10, 2

Dreieck oben: 4, unten: 8, 2

Dreieck oben: 8, unten: 5, 10

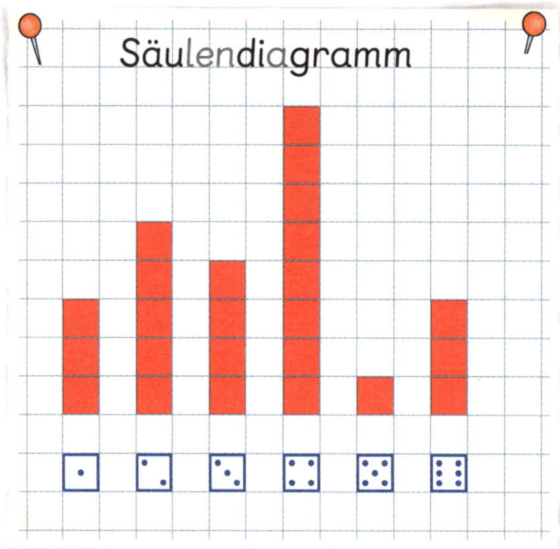

Max hat 24-mal gewürfelt und ein Säulendiagramm gezeichnet.

1 Wie oft hat Max jede Zahl gewürfelt?

⚀ 3-mal ____________ ⚃ ____________
⚁ ____________ ⚄ ____________
⚂ ____________ ⚅ ____________

2 Welche Zahl hat Max am häufigsten gewürfelt? ____________

Welche Zahl hat Max am seltensten gewürfelt? ____________

Welche Zahlen hat Max gleich oft gewürfelt? ____________

3 Max würfelt noch 6-mal:

2-mal eine ⚀, 1-mal eine ⚂ und 3-mal eine ⚄.

Ergänze das Säulendiagramm.

Welche Zahl hat Max jetzt am seltensten gewürfelt? ____________

In Mustern Rechenaufgaben entdecken

zu Heft 3, S. 13
zu Buch, S. 74

1 Finde zu jedem Muster eine Malaufgabe und eine Plusaufgabe.

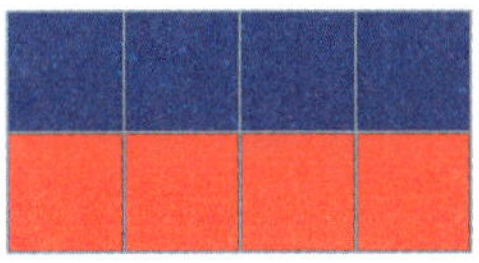

4 + ______

2 · ______

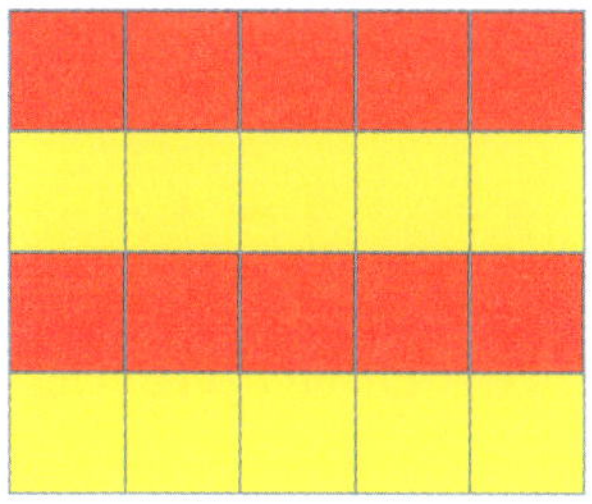

______

______

______

______

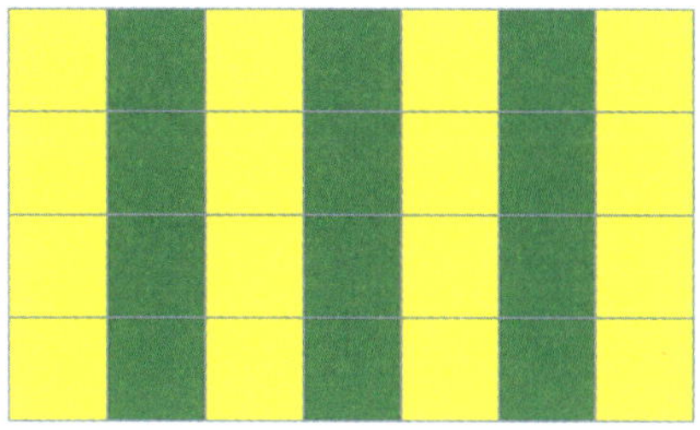

______

______

2 Zeichne ein Muster. Finde Plus- und Malaufgaben dazu.

______

______

______

______

zu Heft 3, S. 15
zu Buch, S. 76

Finde einen Lösungsweg (L) mit Zeichnung und Geteiltaufgabe.
Ergänze die Antwort (A).

1 18 Orangen, immer 3 auf einen Teller.

F: Wie viele Teller braucht man?

L:

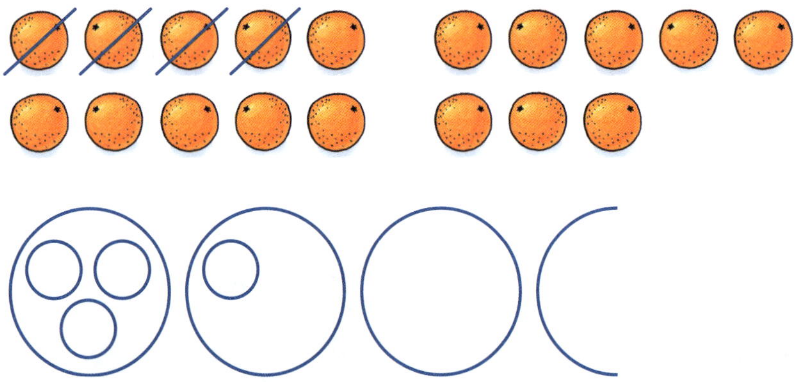

18 : 3 = ______

A: Man braucht ___ Teller.

2 30 Eier, immer 6 auf einen Teller.

F: Wie viele Teller braucht man?

L:

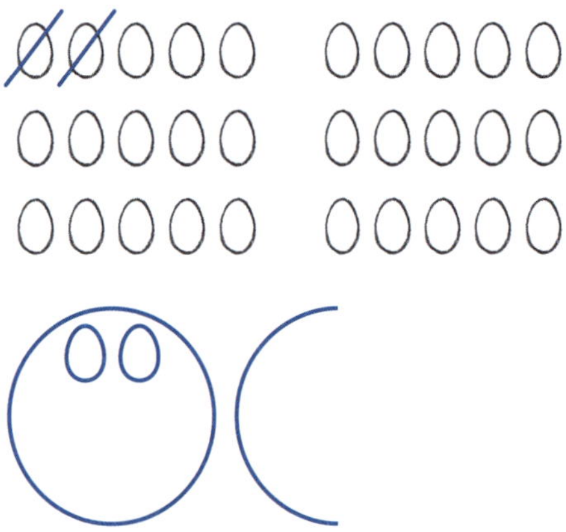

30 : ______

A: Man braucht ___ Teller.

1, 2 Ggf. mit Steckwürfeln nachspielen

1 Löse die Geteiltaufgabe und schreibe die Umkehraufgabe auf.
Das Punktebild hilft dir.

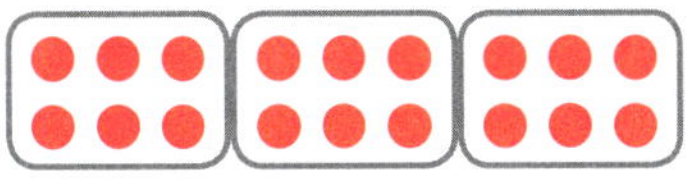

18 : 6 = 3

3 · 6 = ______

10 : 5 = ______

______

24 : 4 = ______

______

32 : 8 = ______

______

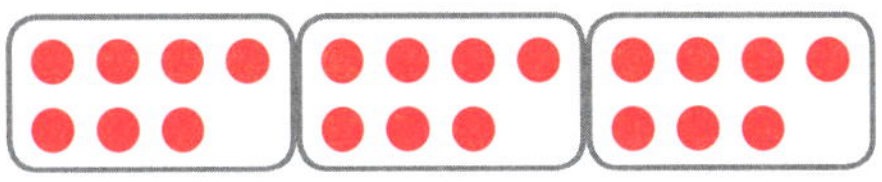

21 : 7 = ______

______

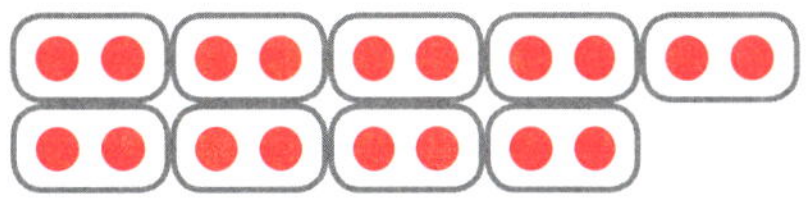

18 : 2 = ______

______

2 Zeichne zu der Geteiltaufgabe das Punktebild fertig und löse sie.
Schreibe die Umkehraufgabe auf.

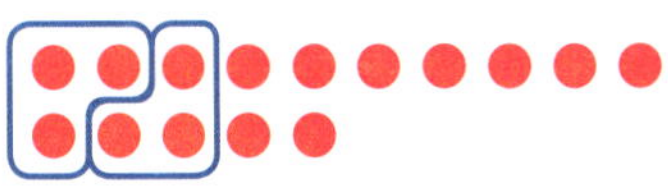

15 : 3 = ______

______

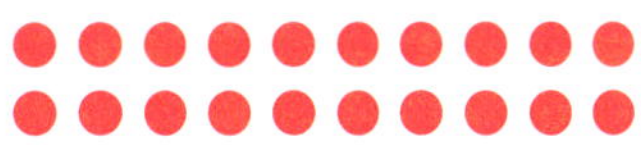

20 : 5 = ______

______

14 : 7 = ______

______

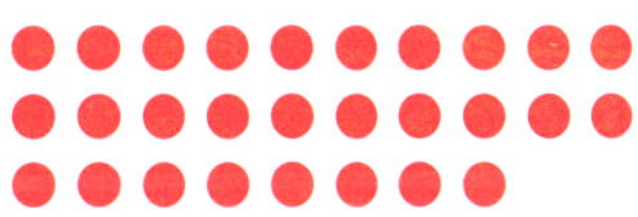

28 : 4 = ______

______

Finde einen Lösungsweg (L) mit Zeichnung und Geteiltaufgabe.
Ergänze die Antwort (A).

1 Verteile 15 Kekse auf 5 Teller.

F: Wie viele Kekse kommen auf jeden Teller?

L:

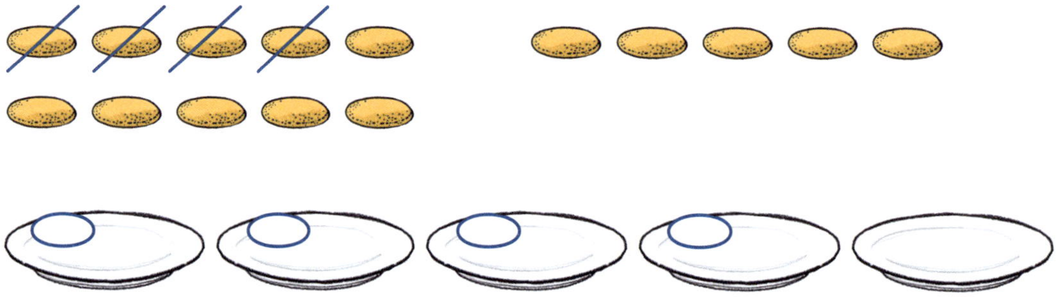

15 : 5 = ______

A: Auf jeden Teller kommen ___ Kekse.

2 Verteile 32 Bonbons auf 4 Teller.

F: Wie viele Bonbons kommen auf jeden Teller?

L:

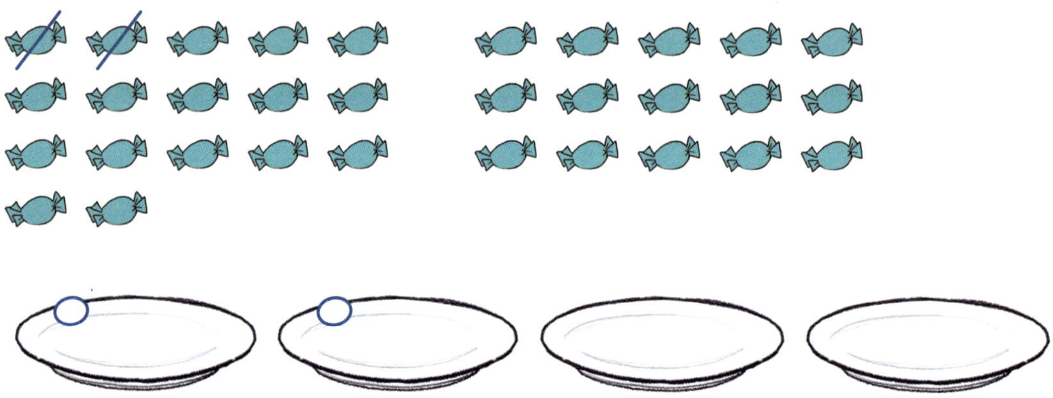

32 : ______

A: Auf jeden Teller kommen ___ Bonbons.

1, 2 Ggf. mit Steckwürfeln nachspielen

Zahlenrätsel – Mal und geteilt

multiplizieren	mal	·
dividieren	geteilt durch	:

1 Löse die Zahlenrätsel mit Hilfe der Pfeilbilder.

Mia denkt sich eine Zahl.
Sie multipliziert sie mit 5 und erhält 20.

·5 → 20
:5 ←

gedachte Zahl: ___

Finn denkt sich eine Zahl.
Er dividiert sie durch 2 und erhält 6.

:2 → 6
___ ←

gedachte Zahl: ___

Ben denkt sich eine Zahl.
Er multipliziert sie mit 4 und erhält 24.

·4 → ___
___ ←

gedachte Zahl: ___

Jule denkt sich eine Zahl.
Sie dividiert sie durch 8 und erhält 4.

___ → ___
___ ←

gedachte Zahl: ___

2 Löse die Pfeilbilder.

___ ·2 → 14, ___ ←

___ :5 → 9, ___ ←

___ ·10 → 100, ___ ←

1 Lege nach. Schreibe zu jedem Bild eine Plus- und eine Malaufgabe mit 3 und löse sie.

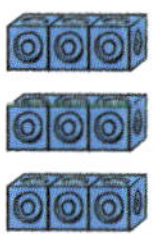

3 + 3 + 3 =

3 · 3 =

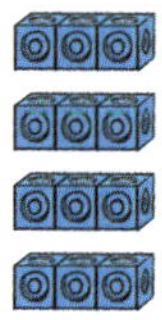

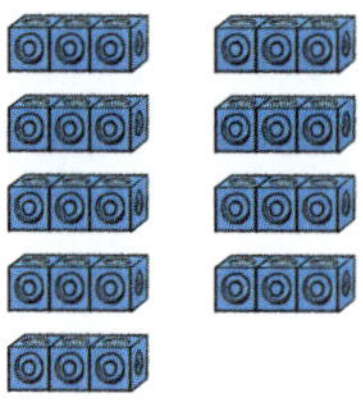

2 Lege jede Aufgabe nach und löse sie.

1 · 3 =
2 · 3 =
3 · 3 =
4 · 3 =
5 · 3 =

6 · 3 =
7 · 3 =
8 · 3 =
9 · 3 =
10 · 3 =

3 Male die Zahlen der 3er-Reihe an.

1	3	4	6	9	11	12	13	15	18	19	21	23	24	26	27	30

1, 2 Steckwürfel verwenden

Einmaleins mit 6

zu Heft 3, S. 25
zu Buch, S. 84

1 Lege nach und male.
Schreibe die Malaufgabe mit 6 auf und löse sie.

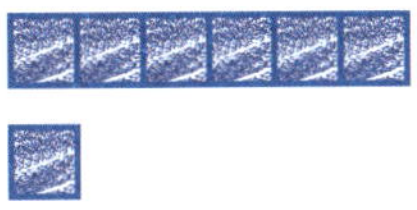

6 + 6 + 6 + 6 = ______

4 · ______

6 + 6 + 6 + 6 + 6 = ______

______

6 + 6 + 6 + 6 + 6 + 6 + 6 = ______

______

2 Lege jede Aufgabe nach und löse sie.

1 · 6 =	6 · 6 =
2 · 6 =	7 · 6 =
3 · 6 =	8 · 6 =
4 · 6 =	9 · 6 =
5 · 6 =	10 · 6 =

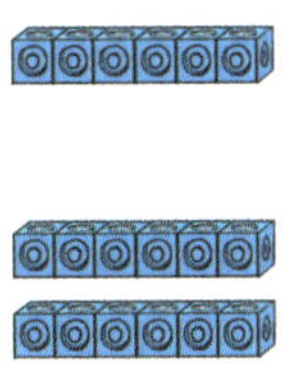

3 Schreibe die 6er-Reihe auf.

6, 12, ______

1 Lege nach. Schreibe zu jedem Bild eine Plus- und eine Malaufgabe mit 9 und löse sie.

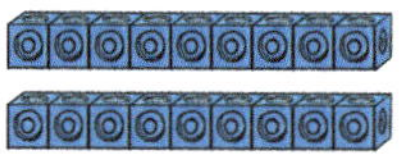

9 + 9 =

2 · 9 =

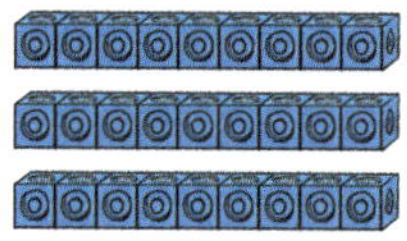

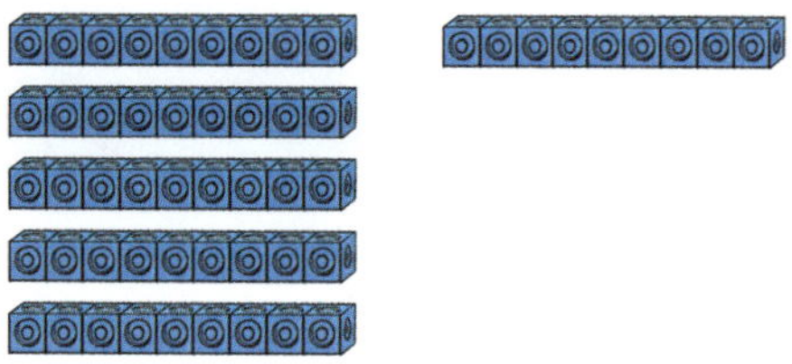

2 Lege jede Aufgabe nach und löse sie.

1 · 9 =
2 · 9 =
3 · 9 =
4 · 9 =
5 · 9 =

6 · 9 =
7 · 9 =
8 · 9 =
9 · 9 =
10 · 9 =

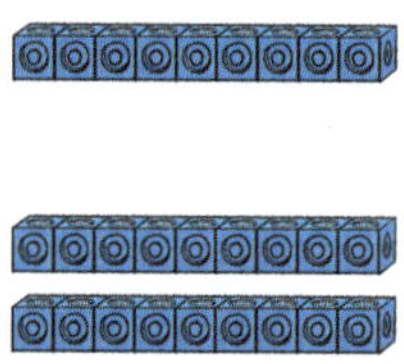

3 Male die Zahlen der 9er-Reihe an.

1	3	9	18	19	20	25	27	36	39	40	43	45
50	51	54	63	66	70	71	72	81	85	88	89	90

1, 2 Steckwürfel verwenden

Einmaleins mit 3, 6 und 9

1 Ergänze die 3er-, 6er- und 9er-Reihe.
Male dann die gleichen Zahlen mit derselben Farbe an.

3er-Reihe:	3	6	9							30

6er-Reihe:	6	12	18							60

9er-Reihe:	9	18								90

2 Schreibe alle Zahlen auf, die in der
3er- und 6er-Reihe vorkommen:

6 , ___ , ___ , ___ , ___

3 Schreibe alle Zahlen auf, die in der
3er- und 9er-Reihe vorkommen:

9 , ___ , ___

4 Schreibe alle Zahlen auf, die in der
6er- und 9er-Reihe vorkommen:

___ , ___ , ___

5 Diese Zahl kommt in der 3er-, 6er- und 9er-Reihe vor: ___

6 Löse die Kernaufgaben.

$1 \cdot 3 =$	$1 \cdot 6 =$	$1 \cdot 9 =$
$2 \cdot 3 =$	$2 \cdot 6 =$	$2 \cdot 9 =$
$5 \cdot 3 =$	$5 \cdot 6 =$	$5 \cdot 9 =$
$10 \cdot 3 =$	$10 \cdot 6 =$	$10 \cdot 9 =$

zu Heft 3, S. 29
zu Buch, S. 87

Die F-Jugend des FC Rode hat 2 Hemden und 2 Hosen in verschiedenen Farben.

1 Wie viele verschiedene Möglichkeiten sich anzuziehen gibt es mit der grauen Hose? Male.

Es gibt ___ Möglichkeiten.

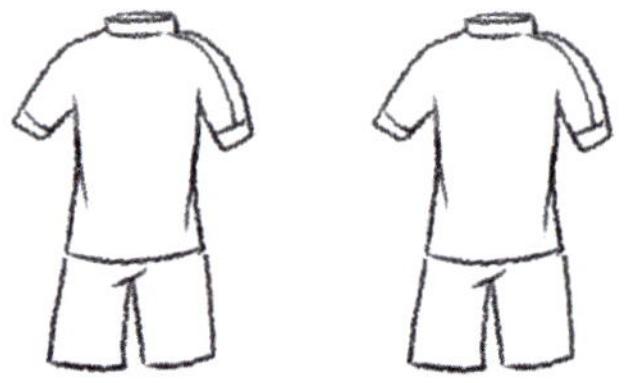

2 Wie viele verschiedene Möglichkeiten sich anzuziehen gibt es mit der blauen Hose? Male.

Es gibt ___ Möglichkeiten.

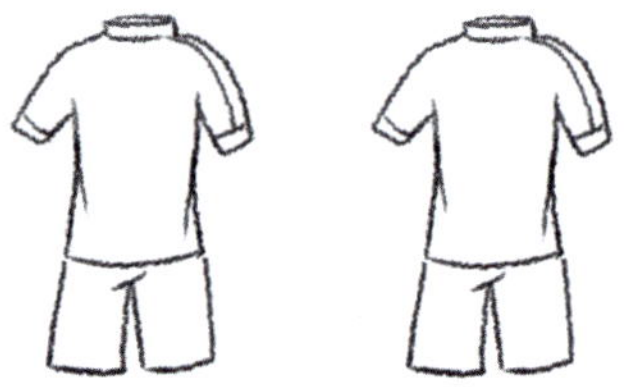

3 Wie viele verschiedene Möglichkeiten gibt es insgesamt? Male.

Es gibt ___ Möglichkeiten.

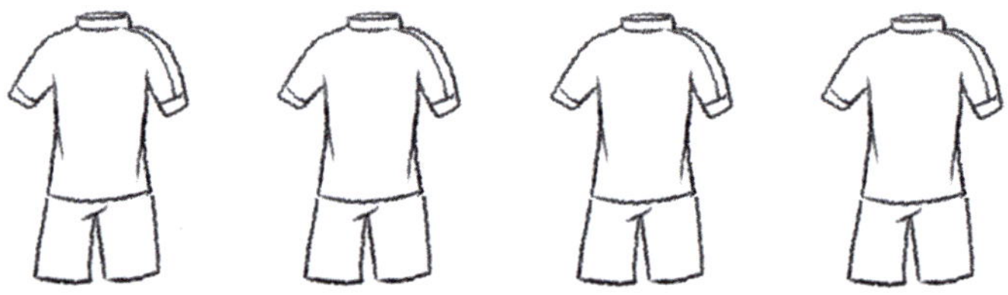

4 Der FC Rode bekommt noch rote Hemden geschenkt. Male alle Möglichkeiten mit 3 Hemden und 2 Hosen.

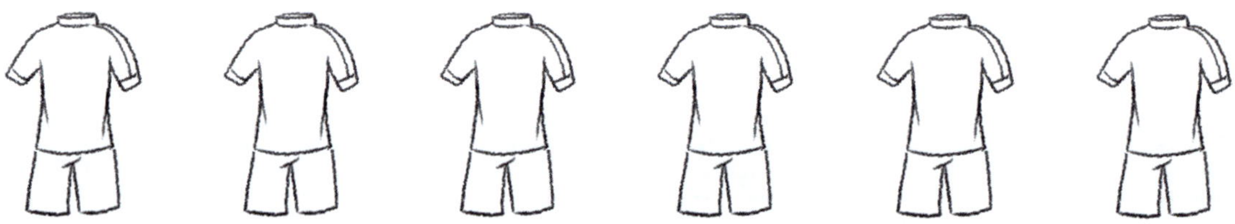

Es gibt ___ Möglichkeiten.

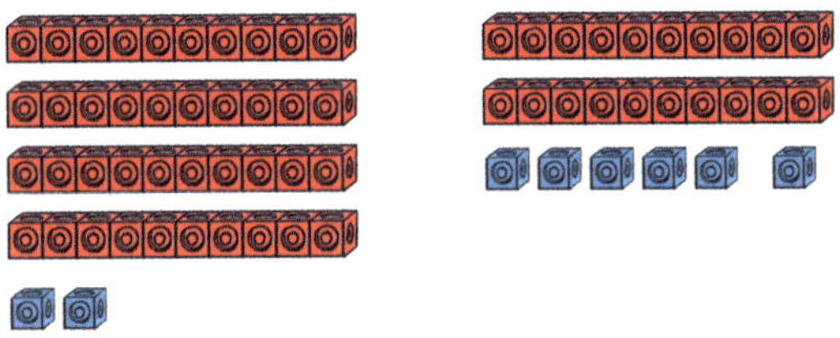

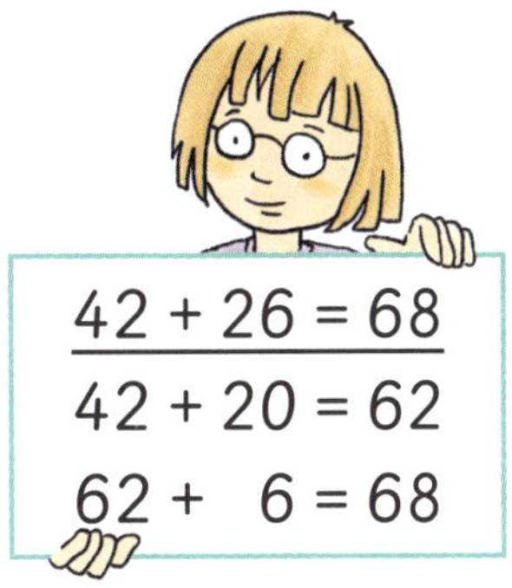

Rechne wie Emma.

42 + 26 = ___

42 + 20 = 62

62 +

38 + 21 = ___

38 + 20 =

51 + 34 = ___

51 + 30 =

23 + 65 = ___

23 +

74 + 13 = ___

67 + 32 = ___

31 + 44 = ___

45 + 12 = ___

72 + 25 = ___

26 + 43 = ___

Ggf. Steckwürfel verwenden

Rechnen mit zweistelligen Zahlen – Plus

zu Heft 3, S. 31
zu Buch, S. 89

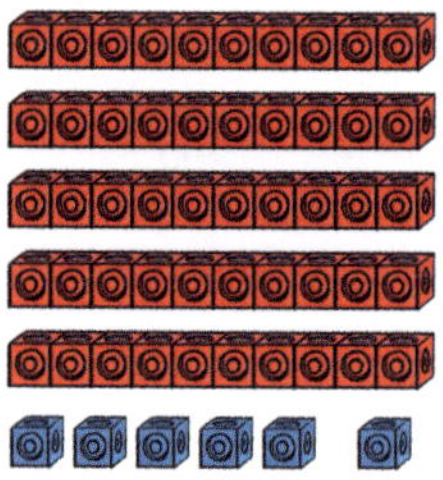

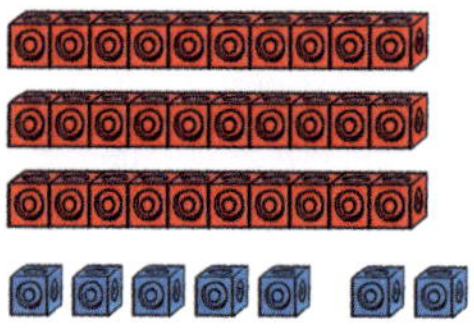

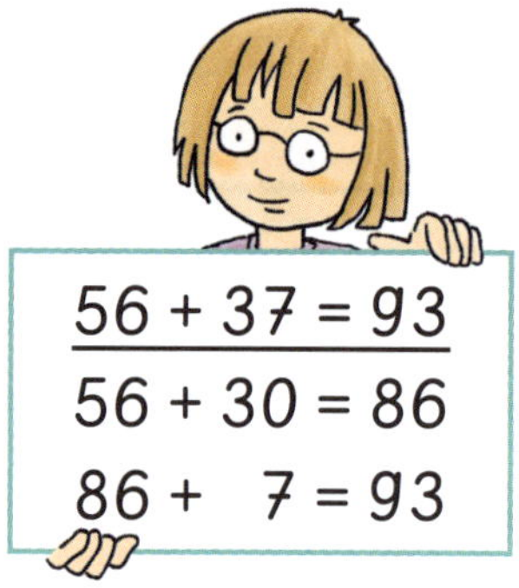

Rechne wie Emma.

56 + 37 = ____

56 + 30 = 86

86 + ____

28 + 13 = ____

28 + 10 = ____

39 + 45 = ____

39 + 40 = ____

64 + 29 = ____

64 + ____

43 + 38 = ____

16 + 76 = ____

29 + 29 = ____

55 + 17 = ____

18 + 52 = ____

49 + 36 = ____

Ggf. Steckwürfel verwenden

Rechnen mit zweistelligen Zahlen üben – Plus

1 Löse die Aufgaben. Trage die Buchstaben in das richtige Feld ein.

24 + 17 = ___ u

68 + 25 = ___ r

56 + 34 = ___ e

19 + 16 = ___ s

45 + 27 = ___ p

Lösung:

Du bist ___ ___ ___ ___ ___ !

35 41 72 90 93

2 Schreibe den Lösungsweg (L) auf und ergänze die Antwort (A).

a

In der Klasse 2a sind 22 Kinder, in der Klasse 2b sind 26 Kinder.

F: Wie viele Kinder sind in den Klassen zusammen?

L: ___

A: In den Klassen sind zusammen ___ Kinder.

b

In die 1. Klasse gehen 18 Kinder, in die 2. Klasse gehen 23 Kinder.

F: Wie viele Kinder gehen in die beiden Klassen zusammen?

L: ___

A: In die beiden Klassen gehen zusammen ___ Kinder.

1, 2 Ggf. Steckwürfel verwenden

zu Heft 3, S. 35
zu Buch, S. 92

1 Miss Länge und Breite der Rechtecke.

Länge: ___ cm
Breite: ___ cm

Länge: ___ cm
Breite: ___ cm

Länge: ___ cm
Breite: ___ cm

2 Verbinde die Punkte mit dem Lineal zu einem Quadrat.
Miss dann die Länge.

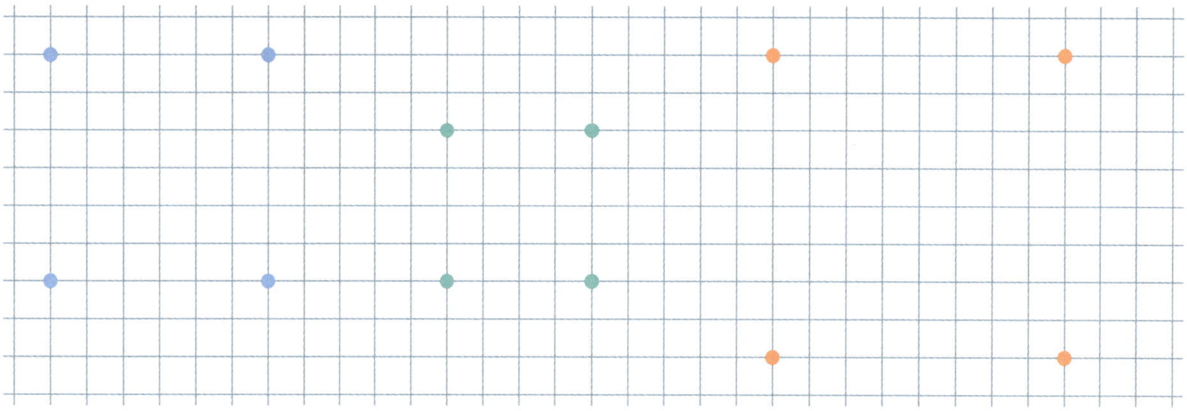

Länge: ___ cm

Länge: ___ cm

Länge: ___ cm

3 Zeichne die Figur mit dem Lineal ab.
Tipp: Übertrage zuerst die Punkte.

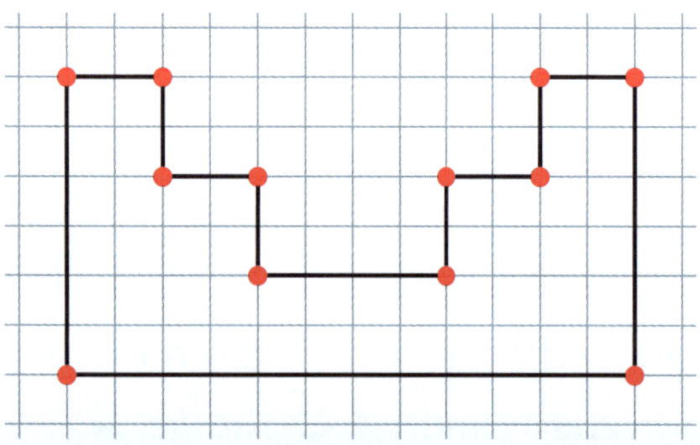

Welche Skizze passt? Male in der gleichen Farbe an und löse.
Eine Skizze bleibt übrig.

Janas Sonnenblume ist 40 cm hoch.
Antons Sonnenblume ist 10 cm höher.

F: Wie hoch ist Antons Sonnenblume?

L: ___ cm + ___ cm = ___ cm

A: Antons Sonnenblume ist ___ cm hoch.

Malis Sonnenblume ist 60 cm hoch.
Janas Sonnenblume ist 40 cm hoch.

F: Wie viel cm ist Malis Sonnenblume höher?

L: ___ cm – ___ cm = ___ cm

A: Malis Sonnenblume ist ___ cm höher.

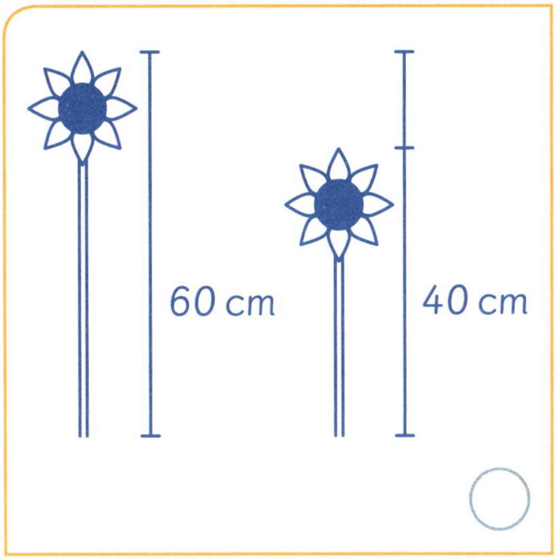

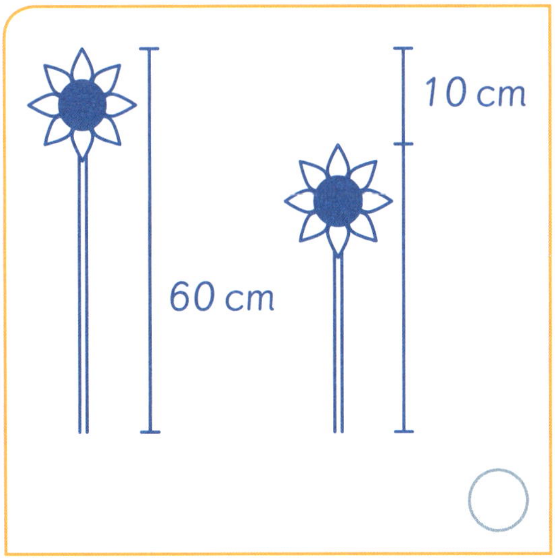

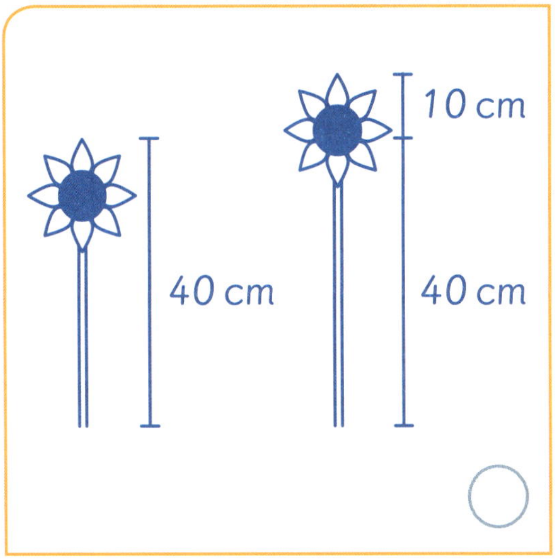

Einmaleins mit 7

1 Lege nach. Schreibe zu jedem Bild eine Plus- und eine Malaufgabe mit 7 und löse sie.

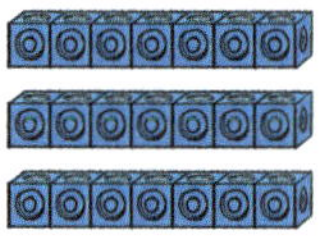

7 + ______________________

3 · ______________________

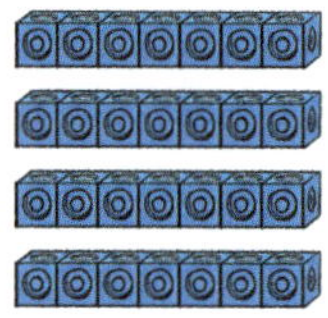

____

____

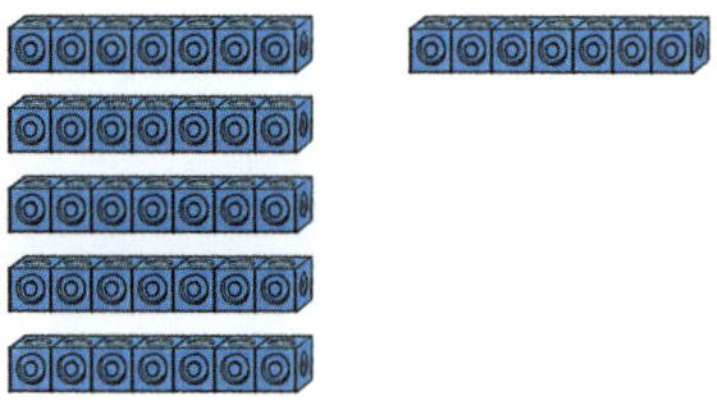

____

____

2 Lege jede Aufgabe nach und löse sie.

1 · 7 = ☐	5 · 7 = ☐	9 · 7 = ☐
2 · 7 = ☐	6 · 7 = ☐	10 · 7 = ☐
3 · 7 = ☐	7 · 7 = ☐	
4 · 7 = ☐	8 · 7 = ☐	

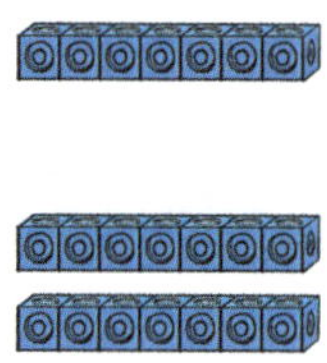

3 Verbinde die Zahlen der 7er-Reihe in der richtigen Reihenfolge. Beginne mit 7.

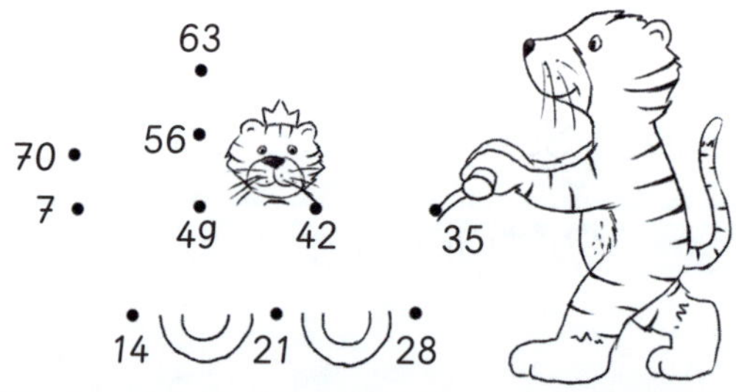

Das ganze Einmaleins

1 Löse die Kernaufgaben.
Kontrolliere mit den Einmaleins-Übungskarten.

1 · 3 =	1 · 4 =	1 · 6 =
2 · 3 =	2 · 4 =	2 · 6 =
5 · 3 =	5 · 4 =	5 · 6 =
10 · 3 =	10 · 4 =	10 · 6 =
1 · 7 =	1 · 8 =	1 · 9 =
2 · 7 =	2 · 8 =	2 · 9 =
5 · 7 =	5 · 8 =	5 · 9 =
10 · 7 =	10 · 8 =	10 · 9 =

2 Immer 3 Kärtchen gehören zusammen.
Male sie in der gleichen Farbe an.

10 · 2 | 8 · 5 | 4 · 3 | 2 · 9 | 8 · 2

2 · 6 | 5 · 4 | 3 · 6 | 7 · 3

9 · 4 | 4 · 4 | 3 · 7 | 6 · 6 | 4 · 10

12 | 18 | 20 | 40

16 | 21 | 36

1 Mit Einmaleins-Übungskarten (Beilage 6) kontrollieren

Flächen vergleichen

1 Welches ist die kleinste Fläche? Lege mit Plättchen aus und schreibe auf.

___ Plättchen

___ Plättchen

___ Plättchen

___ Plättchen

Die kleinste Fläche ist die Fläche ___ .

2 In 3 Flächen passen genau 5 Plättchen. Male nur diese Flächen an.

1, 2 Flächen mit Einer-Plättchen (Beilage 1) auslegen

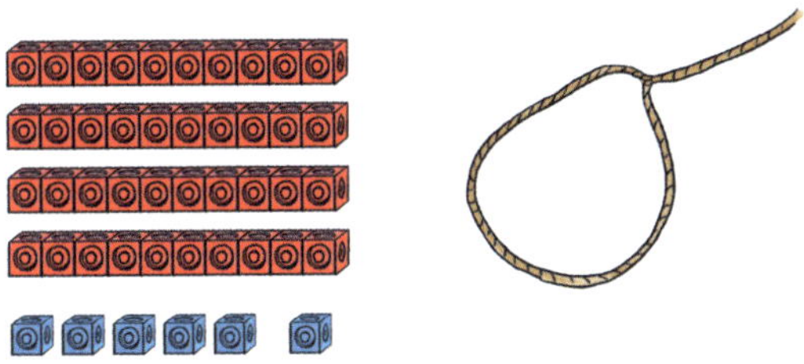

Rechne wie Emma.

46 – 31 =

46 – 30 = 16

16 –

67 – 25 =

67 – 20 =

83 – 42 =

83 – 40 =

59 – 47 =

59 –

75 – 53 =

98 – 64 =

34 – 24 =

86 – 33 =

68 – 62 =

99 – 42 =

Ggf. Steckwürfel verwenden

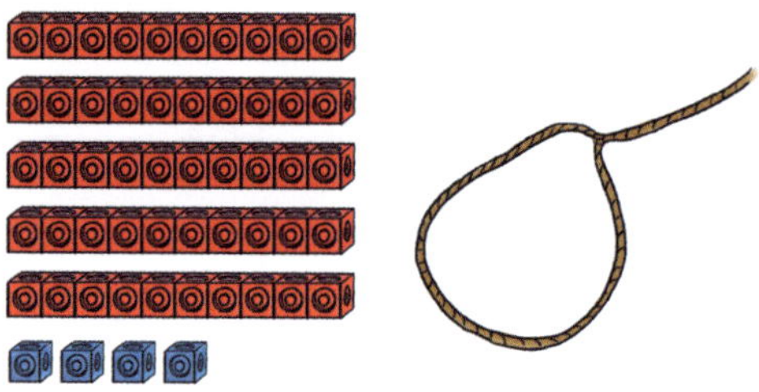

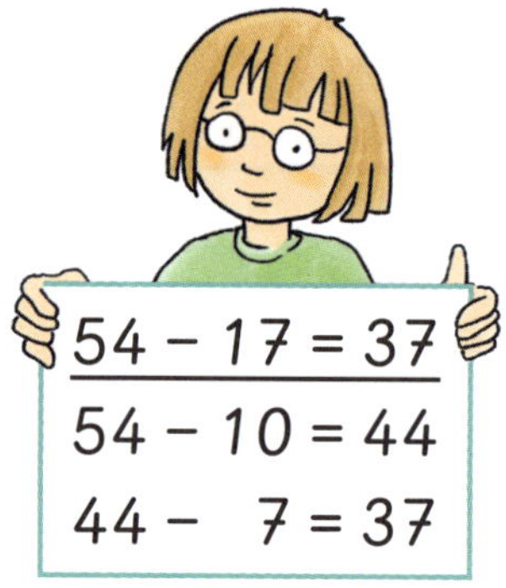

Rechne wie Emma.

54 – 17 =

54 – 10 = 44

44 –

43 – 28 =

43 – 20 =

61 – 39 =

61 – 30 =

85 – 56 =

85 –

92 – 45 =

76 – 38 =

78 – 18 =

53 – 46 =

64 – 29 =

100 – 89 =

Ggf. Steckwürfel verwenden

1 Löse die Aufgaben. Trage die Buchstaben in das richtige Feld ein.

82 – 16 = ___ m

35 – 28 = ___ p

73 – 49 = ___ r

94 – 17 = ___ a

61 – 35 = ___ i

Lösung:

Das war ___ ___ ___ ___ ___ !

7 24 26 66 77

2 Schreibe den Lösungsweg (L) auf und ergänze die Antwort (A).

a

Am Sonntag waren 64 Besucher im Kino. Am Montag waren es 28 Besucher weniger.

F: Wie viele Besucher waren am Montag im Kino?

L: ___

A: Am Montag waren ___ Besucher im Kino.

b

Am Freitag waren 72 Besucher in der Bücherei. Am Samstag waren es 37 Besucher weniger.

F: Wie viele Besucher waren am Samstag in der Bücherei?

L: ___

A: Am Samstag waren ___ Besucher in der Bücherei.

1, 2 Ggf. Steckwürfel verwenden

Kleine und große Aufgaben

1 Rechne die kleine Aufgabe zuerst. Löse dann die große Aufgabe.

25 + 3 = 28	37 + 2 =	52 + 6 =
5 + 3 = 8	7 + 2 = 9	2 + 6 =
48 – 4 =	79 – 5 =	86 – 3 =
8 – 4 = 4	9 – 5 =	6 – 3 =

2 Finde die kleine Aufgabe und löse sie zuerst.

61 + 7 =	93 + 4 =	46 + 3 =
1 + 7 = 8	+ =	+ =
58 – 7 =	49 – 2 =	27 – 5 =
8 – 7 = 1	– =	– =

Tauschaufgaben

3 Schau dir die Tauschaufgaben genau an.
Welche Aufgabe findest du leichter?
Rechne nur diese.

82 + 6 =	5 + 28 =	69 + 4 =
6 + 82 =	28 + 5 =	4 + 69 =
8 + 36 =	83 + 9 =	7 + 57 =
36 + 8 =	9 + 83 =	57 + 7 =

zu Heft 4, S. 12
zu Buch, S. 104

Tauschaufgaben

1 Schau dir die Tauschaufgaben genau an.
Welche Aufgabe findest du leichter? Rechne nur diese.

$6 \cdot 2 =$	$3 \cdot 9 =$	$8 \cdot 4 =$
$2 \cdot 6 =$	$9 \cdot 3 =$	$4 \cdot 8 =$
$5 \cdot 7 =$	$6 \cdot 8 =$	$9 \cdot 7 =$
$7 \cdot 5 =$	$8 \cdot 6 =$	$7 \cdot 9 =$

Nachbaraufgaben

2 Rechne zuerst die mittlere Aufgabe, dann die beiden Nachbaraufgaben.

$1 \cdot 7 =$	· =
$2 \cdot 7 =$	$2 \cdot 7 =$
$3 \cdot 7 =$	· =

$1 \cdot 9 =$	· =
$2 \cdot 9 =$	$2 \cdot 9 =$
$3 \cdot 9 =$	· =

$4 \cdot 3 =$	· =
$5 \cdot 3 =$	$5 \cdot 3 =$
$6 \cdot 3 =$	· =

$4 \cdot 8 =$	· =
$5 \cdot 8 =$	$5 \cdot 8 =$
$6 \cdot 8 =$	· =

3 Rechne zuerst die mittlere Aufgabe, dann die beiden Nachbaraufgaben.

$2 \cdot 5 =$	$2 \cdot 6 =$	$2 \cdot 7 =$
· =	$2 \cdot 6 =$	· =

$5 \cdot 8 =$	$5 \cdot 9 =$	$5 \cdot 10 =$
· =	$5 \cdot 9 =$	· =

2, 3 Ggf. Einmaleinstafel (ausklappbare Umschlagseite) verwenden

1 Aus wie vielen Steckwürfeln bestehen die Körper? Zähle geschickt.

A ___ Würfel B ___ Würfel C ___ Würfel

D ___ Würfel E ___ Würfel

2 Ordne den Körpern A bis E die Baupläne zu.
Male sie in der Farbe des passenden Körpers an.

1	1	1	1
1	1	1	1
1	1	1	1

2	2
2	2

3	3	3

2	2	2
2	2	2
2	2	2

4	4	4	4	4

3 Hier siehst du Ansichten der Körper A bis E von rechts.
Male die Ansichten in der Farbe des passenden Körpers an.

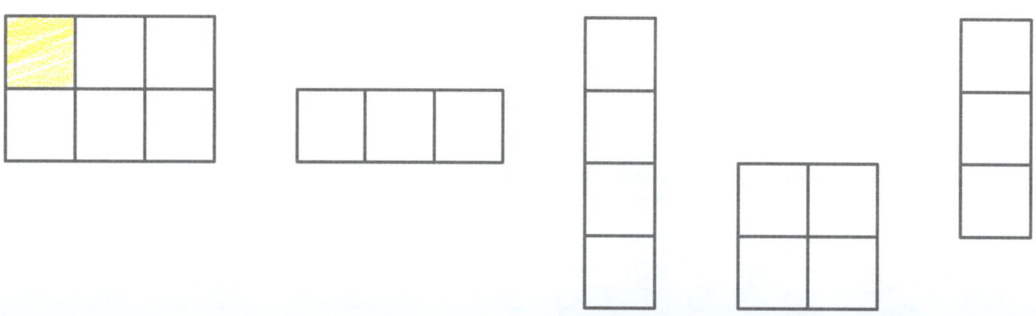

Finde einen Lösungsweg (L) mit Zeichnung und Geteiltaufgabe.
Ergänze die Antwort (A).

1 Verteile 13 Bälle an 3 Kinder.

F: Wie viele Bälle bekommt jeder? Wie viele bleiben übrig?

L:

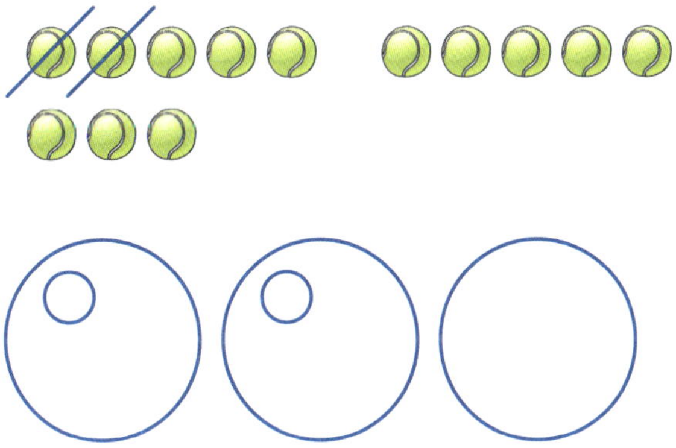

13 : 3 = ______ Rest ______

A: Jedes Kind bekommt ____ Bälle. ____ Ball bleibt übrig.

2 Verteile 20 Äpfel an 6 Kinder.

F: Wie viele Äpfel bekommt jeder? Wie viele bleiben übrig?

L:

20 : ______ Rest ______

A: Jedes Kind bekommt ____ Äpfel. ____ Äpfel bleiben übrig.

zu Heft 4, S. 17
zu Buch, S. 108

1 Vervollständige das Punktebild und löse die Geteiltaufgabe.

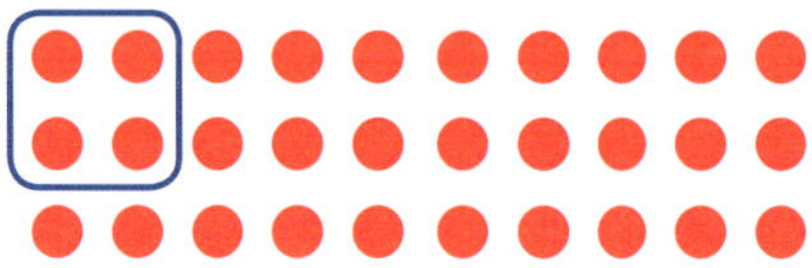

30 : 4 = ___ Rest ___

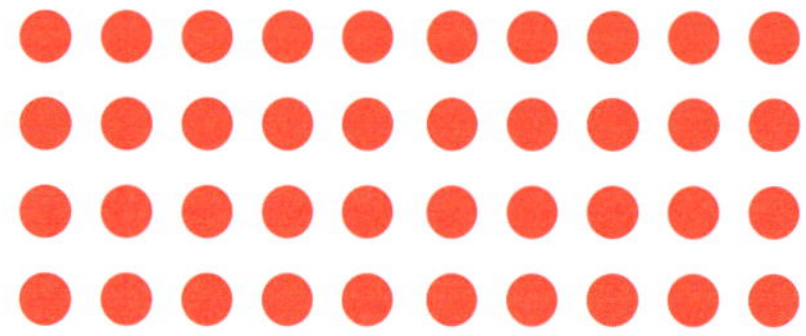

40 : 6 = ___ Rest ___

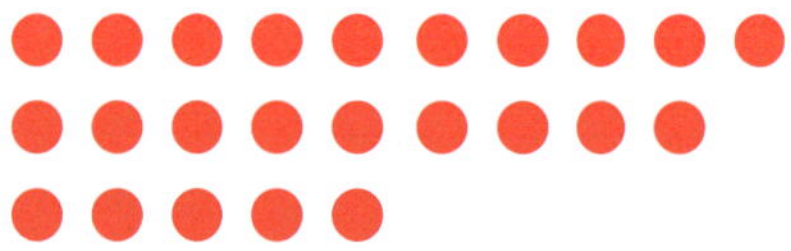

24 : 7 = ___ Rest ___

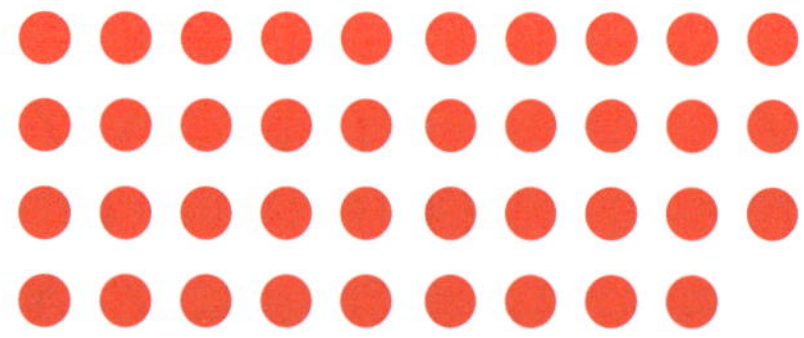

39 : 8 = ___ Rest ___

2 Vervollständige das Punktebild und löse die Geteiltaufgabe.
Kontrolliere mit der Umkehraufgabe.

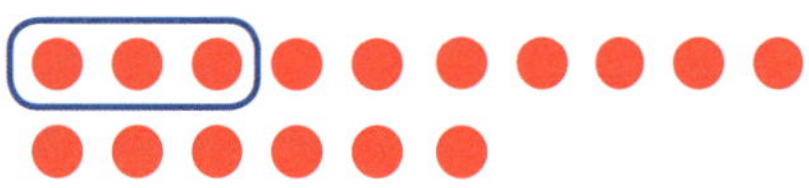

16 : 3 = ___ Rest ___

K: ___ · 3 = ___ ___ + ___ = 16

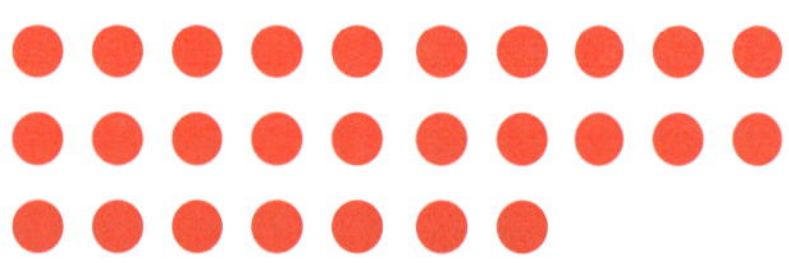

27 : 5 = ___ Rest ___

K: ___ · 5 = ___ ___ + ___ = 27

1 Welche Uhrzeit passt? Kreuze an.

2.00 Uhr ☒
14.00 Uhr ☐

1.00 Uhr ☐
13.00 Uhr ☐

6.00 Uhr ☐
18.00 Uhr ☐

9.15 Uhr ☐
21.15 Uhr ☐

3.45 Uhr ☐
15.45 Uhr ☐

11.30 Uhr ☐
23.30 Uhr ☐

2 Stelle die Uhrzeiten an der Lernuhr ein und schreibe beide Uhrzeiten auf.

2.00 Uhr
14.00 Uhr

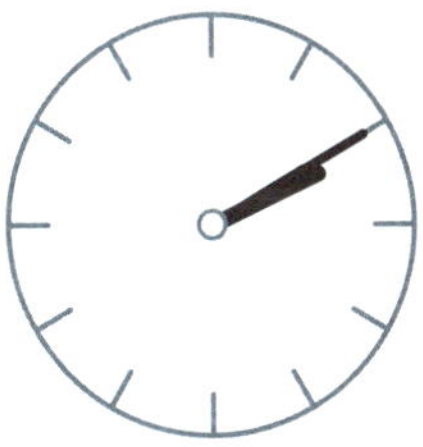

2.10 Uhr
___ Uhr

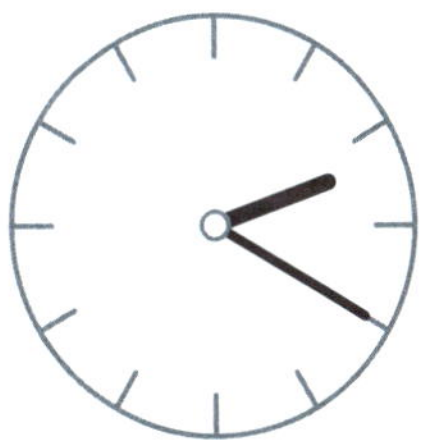

___ Uhr
___ Uhr

___ Uhr
___ Uhr

___ Uhr
___ Uhr

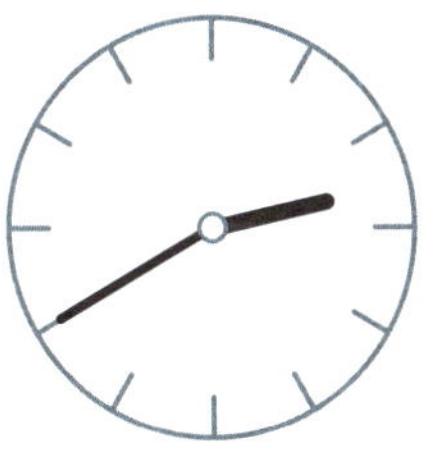

___ Uhr
___ Uhr

___ Uhr
___ Uhr

___ Uhr
___ Uhr

2 Lernuhr (Beilage 5) verwenden

1 Schreibe die Uhrzeiten auf.
Schreibe dann auf, wie viele Stunden (h) vergangen sind.

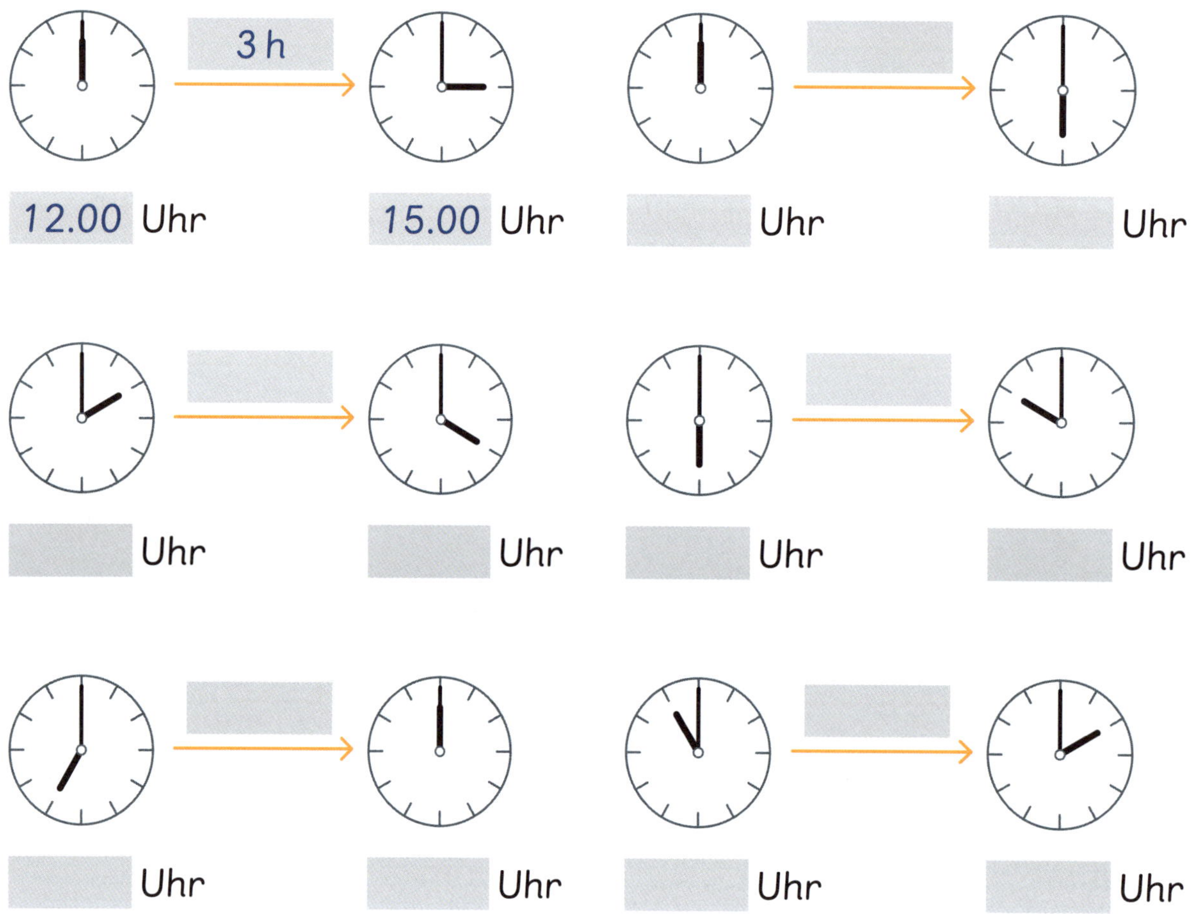

2 Wie spät ist es? Ergänze die Pfeilbilder.

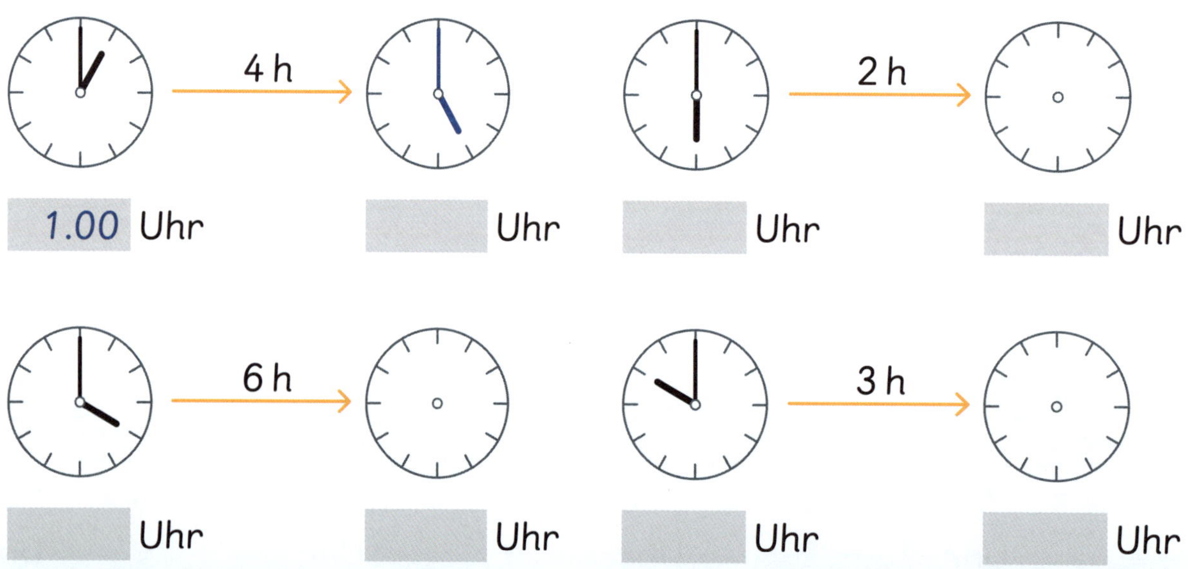

1, 2 Ggf. Lernuhr (Beilage 5) verwenden

1 Schreibe auf, wie viele Minuten (min) seit 11 Uhr jeweils vergangen sind.

15 min

min

min

min

min

min

min

min

min

min

min

2 Schreibe auf, wie viele Minuten (min) bis 2.00 Uhr jeweils vergehen werden.

min

min

min

min

min

min

min

min

1 Mit 2 Steckwürfeln in den Farben Rot und Gelb kann Luis zwei verschiedene 2er-Türme bauen.

Luis nimmt noch einen Steckwürfel in Blau dazu.
Male alle sechs 2er-Türme, die Luis nun bauen kann.
Gehe geschickt vor.

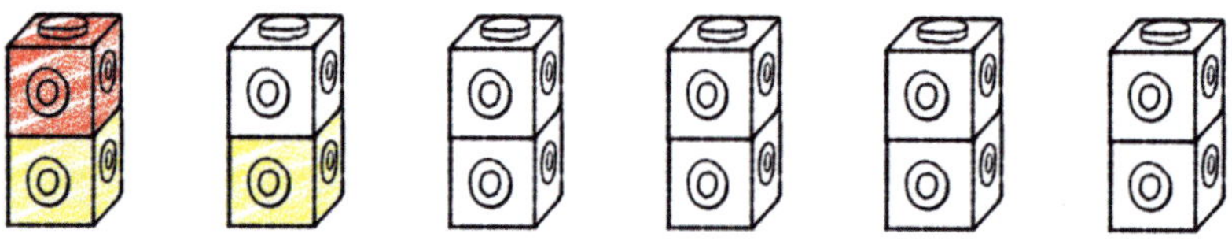

2 Jana möchte ein Geschenk verpacken. Sie hat 3 Schachteln und 3 Schleifen in verschiedenen Farben. Finde alle 9 Möglichkeiten, wie sie das Geschenk verpacken kann. Male.

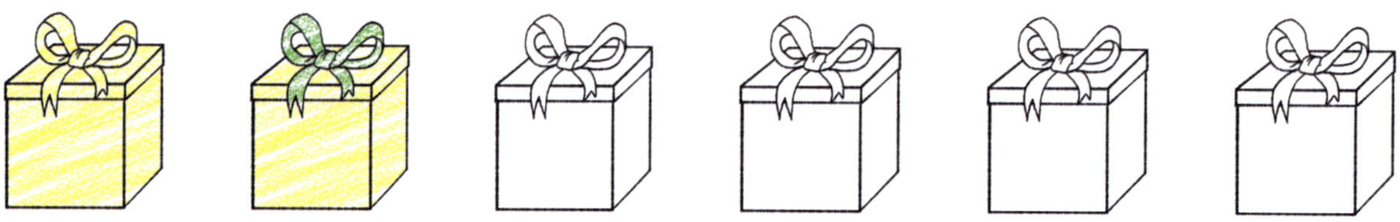

Im Vergnügungspark – Sachrechnen

zu Heft 4, S. 26/27
zu Buch, S. 116/117

Lies zuerst das Preisschild. Löse dann die Aufgaben.
Schreibe Lösungsweg (L) und Antwort (A) auf.

1 Clara, Susi und Paula fahren mit der Wildwasserbahn.

F: Wie viel Euro müssen sie bezahlen?

L: ______________________________

____

A: ______________________________

2 Familie Kainz (5 Personen) fährt Riesenrad und Wildwasserbahn.

F: Wie viel Euro muss die Familie bezahlen?

L: ______________________________

____

A: ______________________________

3 Paul und Lena fahren zuerst Kettenkarussell, danach Riesenrad und zum Schluss noch Achterbahn.

F: Wie viel Euro kosten die Fahrten insgesamt?

L: ______________________________

____

A: ______________________________

Senkrecht und parallel am Geobrett

1 Spanne am Geobrett Linien, die senkrecht zueinander stehen.
Zeichne sie ein. Kennzeichne so: ⊾.
Kontrolliere mit dem Faltwinkel.

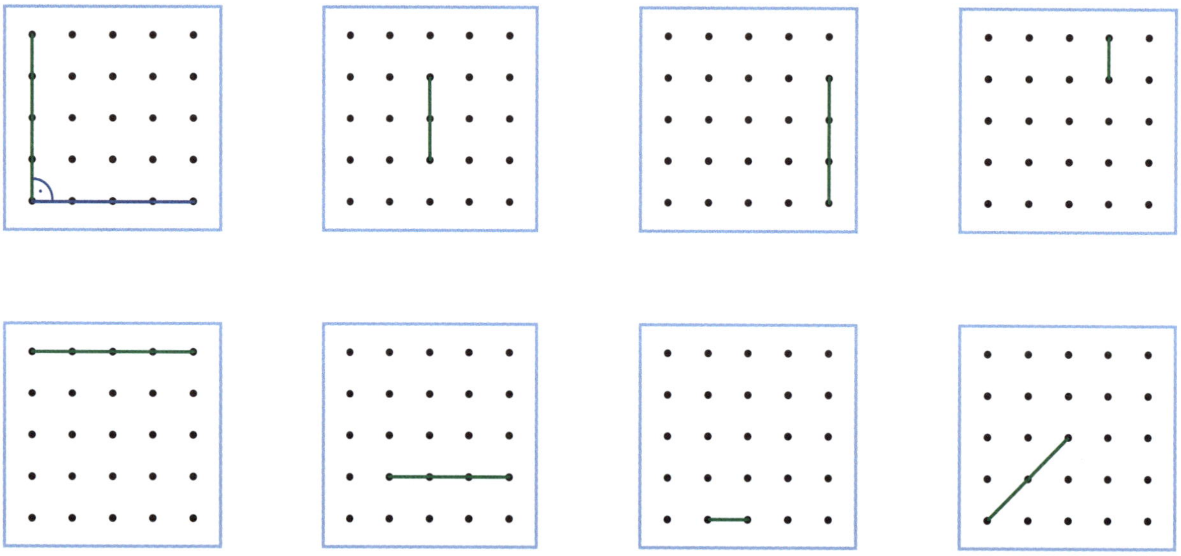

2 Spanne am Geobrett Linien so, dass sie parallel zueinander verlaufen. Zeichne sie ein.

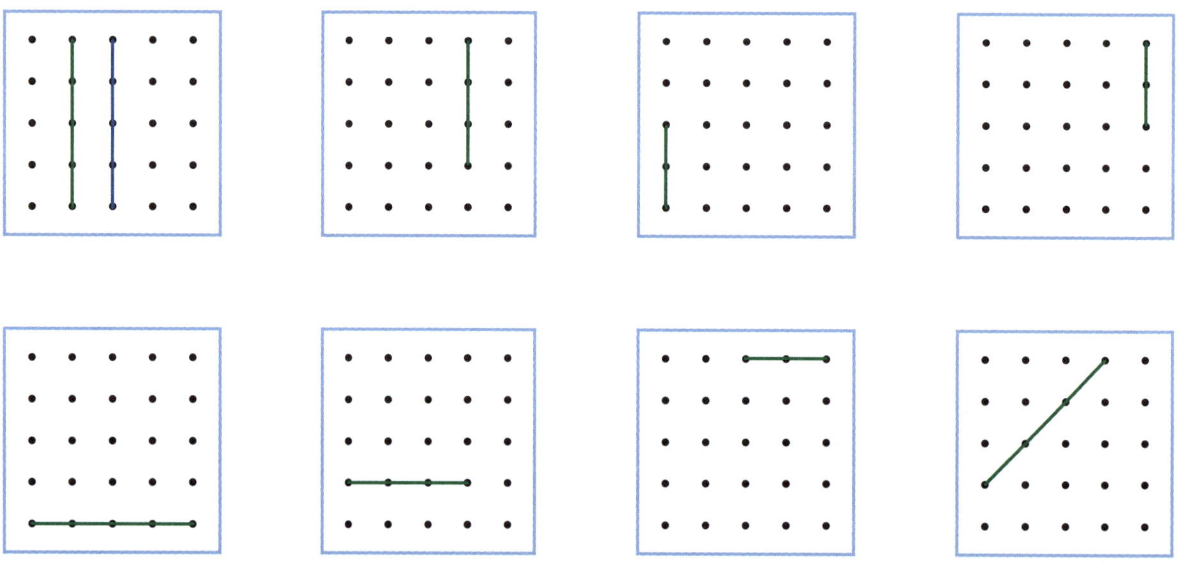

1 Geobrett und Gummiringe verwenden; Faltwinkel basteln; **2** Geobrett und Gummiringe verwenden

1 Schreibe 4 Aufgaben.

3 | 12 | 4

3 · 4 = 12	12 : 4 = 3
4 · 3 =	12 : 3 =

2 | 16 | 8

2 · 8 =	16 : 8 =
8 · =	16 : =

5 | 30 | 6

5 · =	30 : =
· =	: =

7 | 63 | 9

· =	: =
· =	: =

2 Schreibe 4 Aufgaben.

2 | 14 | 7

2 · 7 =
7 · =
14 : =
14 : =

5 | 50 | 10

· =
· =
: =
: =

8 | 24 | 3

· =
· =
: =
: =

9 | 36 | 4

· =
· =
: =
: =

Rechne. Male die Felder im Bild unten mit den angegebenen Farben an.

2 · 6 =	5 · 6 =	6 · 4 =
2 · 7 =	5 · 8 =	6 · 9 =
2 · 8 =	5 · 9 =	9 · 3 =
2 · 9 =	5 · 5 =	4 · 7 =
2 · 10 =	5 · 7 =	8 · 8 =

7 · 6 =	15 : 3 =	50 : 5 =
6 · 8 =	27 : 3 =	20 : 5 =
4 · 9 =	18 : 3 =	5 : 5 =
8 · 4 =	14 : 2 =	12 : 6 =
9 · 9 =	6 : 2 =	48 : 6 =